现代土木工程测绘技术分析研究

宋光华　解汉忠　康荣建◎著

中国建材工业出版社
北　京

图书在版编目（CIP）数据

现代土木工程测绘技术分析研究/宋光华，解汉忠，康荣建著. --北京：中国建材工业出版社，2024.12
ISBN 978-7-5160-4105-5

Ⅰ.①现… Ⅱ.①宋… ②解… ③康… Ⅲ.①土木工程－工程测量－研究 Ⅳ.①TU198

中国国家版本馆 CIP 数据核字(2024)第 068049 号

内容简介

本书主要内容包括：现代土木工程的测量与仪器，如水准测量及水准仪、角度测量及电子经纬仪、距离测量及全站仪；土木工程中的地形图及应用；土木工程测绘中的地理信息系统；无人机遥感技术等。

现代土木工程测绘技术分析研究
XIANDAI TUMU GONGCHENG CEHUI JISHU FENXI YANJIU
宋光华　解汉忠　康荣建　著

出版发行：中国建材工业出版社
地　　址：北京市西城区白纸坊东街2号院6号楼
邮政编码：100054
经　　销：全国各地新华书店
印　　刷：北京四海锦诚印刷技术有限公司
开　　本：787mm×1092mm　1/16
印　　张：8.75
字　　数：170 千字
版　　次：2025 年 3 月第 1 版
印　　次：2025 年 3 月第 1 次
定　　价：88.00 元

本社网址：www.jskjcbs.com，微信公众号：zgjskjcbs
请选用正版图书，采购、销售盗版图书属违法行为

前　言

随着科技的飞速发展，现代土木工程面临着前所未有的挑战与机遇。土木工程测绘技术正在经历持续的创新和升级，为工程设计、施工和管理提供了强有力的支持。由于工程规模的扩大和复杂性的增加，现代土木工程亟须更为先进、精准、高效的测绘技术。在这一背景下，土木工程测绘技术的不断创新不仅体现为技术手段的提升，还包括对数据处理、信息管理以及工程决策的智能化要求。

本书以测绘学的内涵、分类与作用、土木工程测量的主要任务为切入点，首先探讨了现代土木工程的测量与仪器，主要包括水准测量及水准仪、角度测量及电子经纬仪、距离测量及全站仪；其次研究现代土木工程中的地形图及应用；最后对现代土木工程测绘中的地理信息系统、无人机遥感技术进行全面分析。

本书力求体现全面性、实用性和前瞻性，为土木工程师、测绘专业人员以及对该领域感兴趣的学生和研究人员提供一份丰富而有深度的学术资料。它不仅是一份工程指南，也是一本学术著作，无论是从实际操作的层面，还是从学术研究的角度，都能够为土木工程领域的专业人员提供参考。

由于篇幅有限以及笔者自身视野的局限性，本书难免存在一定的不足之处，恳请广大读者批评指正。

作　者

2024 年 5 月

目 录

导　论

一、测绘学的内涵与研究内容

（一）测绘学的内涵

测绘学的基本概念是以地球为研究对象，对其进行测量和描绘的科学。测量是运用测量仪器确定地球表面自然特征和人造结构的形状、尺寸、位置和其他属性的过程；描绘则是通过地图制图的手段，将观测到的这些数据呈现为地图形式，包括地表的自然形态和人工设施。通常，这种测绘工作仅涉及较小区域的测量和制图，可将地面视为平面。但是事实上地球表面并不是平面，测绘工作的范围也不限于较小的区域，尤其是测绘科学技术的应用领域不断扩大，其工作范围不仅是一个国家或一个地区，有时甚至需要进行全球的测绘工作。在这种情况下，对地球的测量和描绘，就不像上述那样简单，而是变得复杂多了。此时，要把地球作为一个整体，除了研究获取和表述其自然形态和人工设施的几何信息之外，还要研究地球的物理信息，如地球重力场的信息以及这些几何和物理信息随时间的变化而变化。

随着科学技术的发展和社会的进步，测绘学的研究对象不仅仅是地球，还需要将其研究范围扩大到地球外层空间的各种自然和人造实体，甚至地球内部结构等。因此，测绘学的一个比较完整的基本概念应该是："研究测定和推算地面及其外层空间点的几何位置，确定地球形状和地球重力场，获取地球表面自然形态和人工设施的几何分布以及与其属性有关的信息，编制全球或局部地区的各种比例尺的普通地图和专题地图，为国民经济发展和国防建设以及地学研究服务。"①

（二）测绘学的研究内容

测绘学的研究内容很多，涉及许多方面，现仅就测绘地球来阐述其主要内容。测绘学的主要研究对象是地球及其表面的各种自然和人工形态，具体有以下几项。

---

①　宁津生．测绘学概论［M］．3 版．武汉：武汉大学出版社，2016：2.

第一，要研究和测定地球的形状、大小及其重力场，并且在此基础上建立一个统一的地球坐标系统，用以表示地球表面及其外部空间任一点在这个地球坐标系中准确的几何位置。

第二，拥有大量地面点的坐标和高程，就可以以此为基础进行地表形态的测绘工作，其中包括地表的各种自然形态，如水系、地貌、土壤和植被的分布，也包括人类社会活动所产生的各种人工形态，如居民地、交通线和各种建筑物等。

第三，用测量仪器和测量方法所获得的自然界和人类社会现象的空间分布、相互联系及其动态变化信息，最终要以地图制图的方法和技术将这些信息以地图的形式反映和展示出来。

第四，各种经济和国防工程的规划、设计、施工以及建筑物运营管理中都必须进行相应的测绘工作。通过测绘资料引导工程实施，监测建筑物的形变。通常来说，这些测绘工程需要根据具体工程的要求，采用专门的测量方法，并借助特定的测量仪器完成相应的测量任务。

第五，地球的表层不仅有陆地，而且还有 70%多的海洋，因此不仅要在陆地进行测绘，还要对广阔的海洋进行测绘。在海洋环境（包括陆地上的江河湖泊）中进行测绘工作，与陆地测量有很大的区别。海洋测量内容综合性强，需多种仪器配合施测，同时完成多种观测项目；测区条件比较复杂，海面受潮汐、气象因素等影响起伏不定，大多数为动态作业；观测者不能用肉眼透视水域底部，精确测量难度较大。海洋测绘的这些特征都要求研发相应海洋水域的特殊测量方法和仪器设备相适应。

第六，测绘学涉及各种类型的测量工作。这些测量工作都需要有测量人员用测量仪器在某种自然环境中进行观测。由于测量仪器构造上有不可避免的缺陷，测量人员的技术水平和感觉器官的局限性以及自然环境的各种因素，如气温、气压、风力、透明度、大气折光等变化，对测量工作都会产生影响，给观测结果带来误差。因此在测量工作中，必须研究和处理这些带有误差的观测数据，设法消除或削弱其误差，以便提高被观测量的质量，这就是测绘学中的测量数据处理和平差问题。

第七，测绘学的研究和实践成果的最终目的是为国民经济建设、国防建设以及科学研究提供服务，因此需要深入研究测绘学在社会经济发展各相关领域的应用。不同领域对测绘工作的需求各异，也就需要根据不同的测绘理论和方法，采用特定的测量仪器和设备，实施不同的数据处理和平差，以获得符合各应用领域需求的测绘成果。

二、测绘学的分类与作用

（一）测绘学的分类

1. 大地测量

大地测量学主要研究地球表面及其外层空间点位的精密测定、地球的大小、形状和重力场，地球整体与局部运动以及它们的变化的理论和技术。在大地测量学中，测定地球的大小是指测定与真实地球最为密合的地球椭球的大小（即椭球的长半轴）；研究地球形状是指研究大地水准面的形状（或地球椭球的扁率）；测定地面或空间点的几何位置是指测定以地球椭球面为参考面的地面点位置，即将地面点沿椭球法线方向投影到地球椭球面上，用投影点在椭球面上的大地经纬度（L，B）表示该点的水平位置，用地面至地球椭球面上投影点的法线距离表示该点的大地高程（H）。通常在一般应用领域，例如水利工程，都是以平均海水面（即大地水准面）为起算面的高度，即通常所称的海拔高。

解决大地测量学任务的传统方法主要包括几何法和物理法两种。几何法是利用几何观测量（如距离、角度、方向）通过三角测量等手段建立水平控制网，最终推导出地面点的水平位置。同时，通过水准测量方法获取高差，建立高程控制网，以提供点的海拔高程。物理法则是运用地球的重力等物理观测量，通过地球重力场的理论和方法推断大地水准面相对于地球椭球的距离（称为大地水准面差距）以及地球椭球的扁率（地球形状）等信息。

2. 摄影测量

在社会快速发展过程中，传统的测绘技术越来越无法满足社会快速发展的需求，当前，“摄影测量技术有效地弥补了传统测绘技术上的不足，受到人们越来越多的关注”①。摄影测量学主要利用摄影手段获取被测物体的影像数据，对所获得的影像进行量测、处理，从而提取被测物体的几何的或物理的信息，并用图形、图像和数字形式表达测绘成果。摄影测量学的主要研究内容有：获取被测物体的影像并对影像进行量测和处理，将所测得的成果以图形、图像或数字形式表示。摄影测量学包括航空摄影、航空摄影测量、地面摄影测量等。航空摄影是在飞机或其他航空飞行器上利用航摄机摄取地面景物影像的技术；航空摄影测量是根据在航空飞行器上对地面摄取的被测物体的影像与被测物体间的几何关系以及其他有关信息，测定被测物体的形状、大小、空间位置和性质，一般用来测绘

---

① 王慧. 无人机航空摄影测量在地形测绘中的科学应用［J］. 建材与装饰，2018（7）：217.

地形图；地面摄影测量是利用安置在地面上基线两端点处的专用摄影机（摄影经纬仪）拍摄同一被测物体的像片（称立体像对），经过量测和处理，对所摄物体进行测绘。地面摄影测量可用来测绘地形图，也可用于工程、工业、建筑、考古、医学等，后者通常又称近景摄影测量。

3. 地图制图

地图制图学（地图学）主要是研究地图及其编制和应用的学科，具体研究内容包括：地图设计、地图投影、地图编制、地图制印及地图应用。地图设计主要是通过研究、实验，制定新编地图的内容、表现形式及其生产工艺程序的工作；地图投影是依据一定的数学法则建立地球椭球表面上的经纬线网与在地图平面上相应的经纬线网之间函数关系的理论和方法，也就是研究把不可展曲面上的经纬线网描绘成平面上的经纬线网所产生的各种变形的特性和大小以及地图投影的方法等；地图编制是研究制作地图的理论和技术，即从领受制图任务到完成地图原图的制图全过程，主要包括制图资料的分析和处理，地图原图的编绘以及图例、表示方法、色彩、图形和制印方案等编图过程的设计；地图制印是研究复制和印刷地图过程中各种工艺的理论和技术方法；地图应用主要研究地图分析、地图评价、地图阅读、地图量算和图上作业等。

4. 工程测量

工程测量学专注于研究在工程建设和自然资源开发的各个阶段进行的测量工作的理论和技术。它是测绘学在国民经济、社会发展和国防建设中的直接应用，包括规划设计、施工建设和运行管理阶段的测量。在规划设计阶段，测量的主要目标是提供地形资料，并与地质勘探、水文测量等相配合；施工建设阶段的测量重点在于根据设计要求，在实地精确标定工程结构各部分的平面位置和高程，作为施工和安装的依据；运行管理阶段，测量则是指工程竣工后为监视工程状况和确保安全而进行的周期性重复测量，即变形观测。

5. 海洋测绘

海洋测绘学是研究以海洋及其邻近陆地和江河湖泊为对象所进行的测量和海图编制的理论和方法，主要包括海洋大地测量、海道测量、海底地形测量、海洋专题测量以及航海图、海底地形图、各种海洋专题图和海洋图集的编制。其中，海洋大地测量是在海面、海底所进行的大地测量工作；海道测量是以保证航行安全为目的，对地球表面水城及毗邻陆地所进行的水深和岸线测量以及底质、障碍物的探测等工作；海底地形测量是一种海洋科学研究领域的重要技术，它涉及使用各种仪器和方法来测量和绘制海底的物理特征，包括地形、地貌、地质结构等。海洋专题测量是以海洋区域与地理位置相关的专题要素为对象的测量工作，如海洋重力、海洋磁力、领海基线等要素的测量工作；航海图制图是设计、编绘、整饰和印刷海图的工作，同陆地地图制图方法基本一致。

（二）测绘学的作用

1. 测绘学在科学研究中的作用

地球是目前人类和社会赖以生存和发展的唯一星球，测绘学在探索地球的奥秘和规律、深入认识和研究地球的各种问题中发挥着重要作用。由于现代测量技术已经或将要实现无人工干预自动连续观测和数据处理，它可以提供几乎任意时域分辨率的观测系列，具有检测瞬时地学事件（如地壳运动、重力场的时空变化、地球的潮汐和自转变化等）的能力，这些观测成果可以用于地球内部物质结构和演化的研究，尤其如大地测量观测结果在解决地球物理问题中就可以起着某种佐证作用。

2. 测绘学在经济建设中的作用

测绘学在国民经济建设中的作用极其广泛。在经济发展规划、土地资源调查和利用、海洋开发、农林牧渔业的发展、生态环境保护以及各种工程、矿山和城市建设等各个方面都必须进行相应的测量工作，编制各种地图和建立相应的地理信息系统，以供规划、设计、施工、管理和决策使用。如在城市化进程中，城市规划、城镇建设、交通管理等都需要城市测绘数据、高分辨率的卫星影像、三维景观模型、智能交通系统和城市地理信息系统等测绘高新技术的支持。在水利、交通、能源和通信设施的大规模、高难度工程建设中，不但需要精确勘测和大量现势性强的测绘资料，而且需要在工程全过程采用地理信息数据进行辅助决策。丰富的地理信息是国民经济和社会信息化的重要基础，传统产业的改造、优化、升级与企业生产经营，发展精细农业，构建“数字中国”和“数字城市”，发展现代物流配送系统和电子商务，实现金融、财税、贸易等信息化，都离不开测绘数据为基础的地理空间信息平台的支撑。

3. 测绘学在社会发展中的作用

国民经济建设和社会发展的很多活动是在广袤的地域空间进行的。政府各职能机构既要及时了解自然和社会经济要素的分布特征与资源环境条件，也要进行空间规划布局，还要掌握空间发展状态和政策的空间效应。但由于现代经济与社会的快速发展与自然关系的复杂性，使现代经济和社会问题的解决难度增加。因此，为实现政府管理和决策的科学化、民主化，要求提供广泛通用的地理空间信息平台，测绘数据就是其基础。在此基础上，大量经济和社会信息加载到这个平台上，从而形成符合真实世界的空间分布形式，建立空间决策系统，进行空间分析和管理决策以及实施电子政务。现代国际社会正面临环境日趋恶化、自然灾害频繁、不可再生能源和矿产资源匮乏及人口膨胀等社会问题。社会、经济迅速发展和自然环境之间产生了巨大矛盾。若解决这些矛盾，维持社会的可持续发展，则必须了解地球的各种现象及其变化和相互关系，采取必要措施来约束和规范人类自身的活动，减少或防范全球变化向不利于人类社会方面演变，指导人类合理利用和开发资源，有效地保护和改善环境，积极防治和抵御各种自然灾害，不断改善人类生存和生活环境质量。而在防灾减灾、资源开发和利用、生态建设与环境保护等影响社会可持续发展的种种因素方面，各种测绘和地理信息可用于规划、方案的制定，灾害、环境监测系统的建立，风险的分析，资源与环境调查、评估、可视化显示以及决策指挥等。

三、土木工程测量的主要任务

“土木工程测量属于工程测量学范畴，其主要目的是为工程建设服务，因而同土木工程建设的进程密切相关。”① 一项土木工程的建设大体上可分为三个阶段：勘测设计阶段、施工阶段和运营管理阶段。因此，土木工程测量的主要任务是研究各项工程建设在以上三个阶段所进行的各种测量工作的理论、技术和方法。

（一）在勘测设计阶段，测绘各种大比例尺地形图，供规划设计使用

在此阶段，设计人员需要各种比例尺的地形图，以便在图上确定建筑物的位置，并进行量算，求得设计所需要的各项数据。因此，在勘测设计阶段，土木工程测量的主要任务是建立具有适当规模和足够精度的工程测量控制网，以满足工程建设及测绘地形图的需要。在此基础上，设计人员需要把工程建设区域内各种地表自然或人造物体的位置和形状以及地面起伏的状态，用各种图例符号按比例尺绘制成地形图，或用数字表示出来，为土木工程规划、设计提供必要的图纸和资料。

（二）在施工阶段，将图纸上规划设计的建（构）筑物在现场标定出来，作为施工的依据

在此阶段，需要将图纸上已规划设计好的建（构）筑物准确地放样到实地上，以便指导施工的进行。因此，在施工阶段，土木工程测量的主要任务是建立具有合适精度的施工控制网，以满足施工放样的需要。在此基础上，施工测量的具体任务因不同工程的需要而

① 余培杰，刘延伦，翟银凤. 现代土木工程测绘技术分析研究［M］. 长春：吉林科学技术出版社，2020：4.

异。例如，隧道施工测量的主要任务是保证对向开挖的隧道按照规定的精度正确贯通，并使各项建筑物按照设计的位置修建。

（三）运营管理阶段，在工程施工过程和竣工后，对建筑物进行变形观测，确保工程安全

由于工程施工阶段改变了地面的原有状态，建筑物本身的质量对地基施加了一定作用力，因而地基及其周围地层会发生变形。此外，建筑物本身及其基础，由于地基的变形及外部荷载与内部应力的共同作用也会产生变形。这种变形如果超过一定限度，就会影响建筑物的正常使用，严重的还会危及建筑物的安全。因此，对于一些大型、重要的建筑物，在施工过程或竣工后的运营管理期间还应定期进行稳定性监测。

在土木工程的运营管理阶段，主要任务是确定并建立专用的变形观测控制网，以满足变形观测的需求。在此基础上，需要在建筑物本身或其周围适当的位置埋设测量标志，进行动态监测，以确保工程的安全性。同时，这些观测数据也为改进设计和施工提供了重要的科学依据。此外，还需要对工程进行检查和验收，在工程结束后编绘竣工图作为运营、管理、维修和扩建的依据。这一系列的测量和监测工作有助于确保土木工程的稳定性和可持续性发展。

第一章　现代土木工程的测量与仪器

第一节　水准测量及水准仪

一、水准测量

“测量地面上各点高程的工作，称为高程测量。”[①] 高程测量的方法有很多种，主要有：水准测量、三角高程测量、气压高程测量和卫星定位测量（GPS）。其中，以水准测量应用最为广泛，尤其在土木工程测量中被经常采用。

（一）水准测量的原理

水准测量是利用一条水平视线，并借助水准尺来测定地面两点间的高差，然后由其中一个已知点的高程计算出未知点的高程的方法。

设地面上有 A、B 两点，如图 1-1 所示。欲测定 A、B 两点之间的高差 h_{AB}，可在 A、B 两点上分别竖立有刻度的尺子——水准尺，并在 A、B 两点之间安置一台能提供水平视线的仪器——水准仪。根据仪器的水平视线，在 A 点水准尺上读数，设为 a，在 B 点水准尺上读数，设为 b，则 A、B 两点间的高差为：

$$h_{AB} = a - b \tag{1-1}$$

如果水准测量由点 A 到点 B 进行，如图 1-1 中的箭头所示，点 A 为已知高程点，则点 A 水准尺上的读数称为后视读数；点 B 为欲求高程的点，点 B 水准尺上的读数为前视读数。高差等于后视读数减去前视读数，如果 $a>b$，则高差为正，反之，则高差为负。

---

① 白会人. 土木工程测量［M］. 4 版. 武汉：华中科技大学出版社. 2022：13.

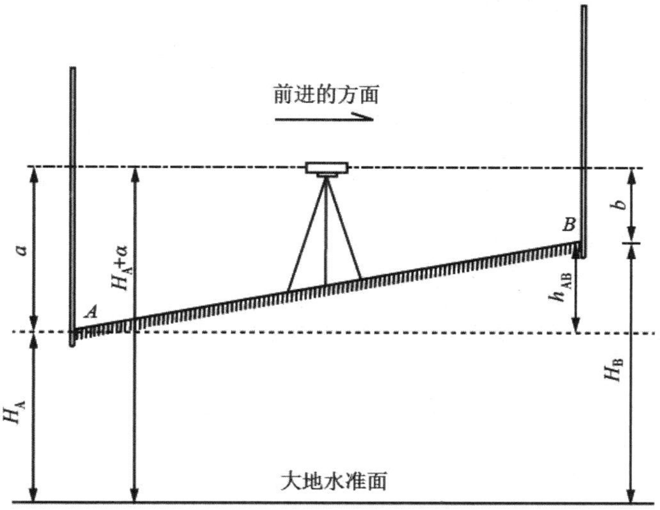

图 1-1　水准测量的原理

若已知点 A 的高程为 H_A，则点 B 的高程为：

$$H_B = H_A + h_{AB} = H_A + (a - b) \tag{1-2}$$

式（1-2）是直接利用高差 h_{AB} 计算点 B 高程的公式，其方法称为高差法。利用仪器视线高程计算多点高程的方法称为视线高法。令 $H_i = H_A + a$，则 $H_B = H_i - b$。当需要观测多个前视读数时，采用视线高法更方便。

（二）水准测量的实施

用水准测量确定的高程控制点叫水准点，用 BM（bench mark）表示。水准点通常由其他水准点引测而来，不同等级的水准点有不同的埋设要求，一般分为永久点和临时点两种。国家等级的水准点要求保存的时间相对长些，须埋设在冻土线以下，一般用石料或钢筋混凝土制成，上面镶嵌有不易腐蚀的金属球。

建筑工地上的永久性水准点一般用混凝土或钢筋混凝土制成。临时性的水准点可以地面上凸出的坚硬岩石或建筑物墙基、楼梯等做标志，也可将大木桩打入地下，桩顶钉以半球形铁钉做标志。由于建筑工地车辆和机械设备较多，水准点易遭破坏，一般每个水准点应有备用点。

埋设水准点后，应绘出水准点与附近固定建筑物或其他地物的关系图，并在图上注明水准点的编号和高程，称为“点之记”，以便于日后寻找水准点的位置。水准点编号前通常加 BM 字样，作为水准点的代号。

1. 水准测量实施的一般要求

作业前应选择好水准仪和水准尺，并对仪器进行检验校正。水准测量的仪器、测量线路长度、测量方法、仪器到水准尺之间的距离等，不同等级测量有不同的要求，测量时应按测量规范执行。

2. 水准测量实施的主要程序

当欲测的水准点与已知水准点相距较远或高差很大时，需要连续多次安置仪器以测出两点的高差。如图 1-2 所示，水准点 A 的高程为 42.152m，欲测量点 B 的高程，其观测步骤如下。

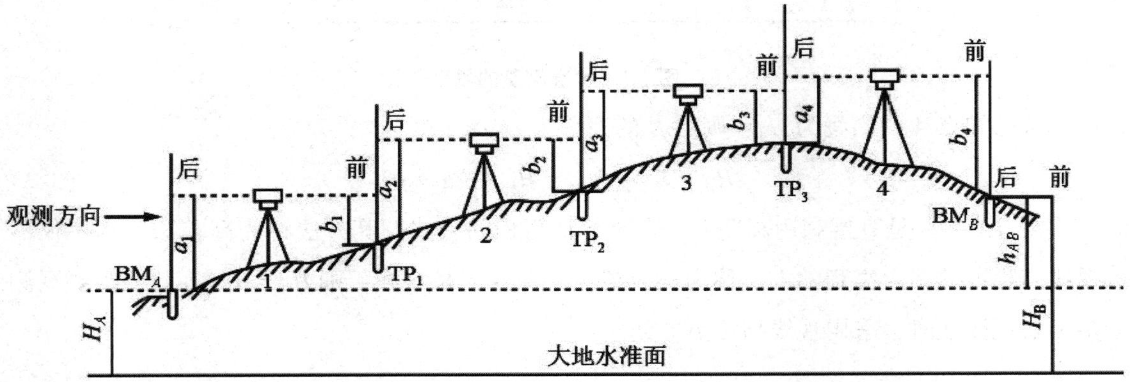

图 1-2　水准测量的施测

（1）在离点 A 一定距离（该距离根据高差和等级要求而定）处选定转点 1，在 A、1 两点上分别立水准尺。

（2）在距点 A 和点 1 大致等距离处安置水准仪。

（3）按水准仪的技术操作步骤，读取后视点 A 处的水准尺读数，读数为 1.867m。

（4）旋转望远镜，同法读取前视点 1 处的水准尺读数，读数为 1.024m，记入点 1 的前视读数栏内。

（5）后视读数减去前视读数得到高差为+0.843m，记入高差栏内。

上述观测步骤为一个测站上的工作。

点 1 处的水准尺不动，把点 A 处的水准尺移到点 2，仪器安置在点 1 和点 2 之间，同法进行观测和计算，依次测到点 B。

显然，每安置一次仪器，便可测得一个高差，即

$$
\begin{aligned}
h_1 &= a_1 - b_1 \\
h_2 &= a_2 - b_2 \\
h_3 &= a_2 - b_3 \\
h_4 &= a_4 - b_4
\end{aligned}
\tag{1-3}
$$

将各式相加，得

$$\Sigma h = \Sigma a - \Sigma b \tag{1-4}$$

则点 B 的高程为

$$H_B = H_A + \Sigma h \tag{1-5}$$

由上述可知，在观测过程中，点 1、2、3、4 仅起传递高程的作用，这些点称为转点（turning point，TP）。转点无固定标志，无须算出高程。

3. 水准测量实施的记录要求

水准测量记录有五方面的要求：①记录者必须复诵观测者的读数；②不准就数字改数字；③不准涂改读数记录；④读数记录记错时，应采用“杠改”法，即在错误的数字上画一水平线，将正确的数字写在其上方或下方；⑤记录至毫米位，毫米位数后面 4 舍 6 进，逢 5 看前面数，前面为奇数则进，前面为偶数则舍。

二、水准仪

（一）水准仪和水准尺

我国的水准仪按其精度等级可分为 DS05、DS1、DS3 和 DS10 四个型号。其中，D、S 分别为“大地测量”和“水准仪”汉语拼音的第一个字母，后接数字表示精度等级。建筑工程测量广泛使用的是 DS3 水准仪，因此本节着重介绍这类仪器。

1. DS3 水准仪的构造

根据水准测量的原理，水准仪的主要作用是提供水平视线，并能够在水准尺上读数。水准仪主要由望远镜、水准器和基座三部分组成。

（1）望远镜。望远镜主要由物镜、目镜、调焦镜和十字丝分划板四部分组成。物镜和目镜多采用复合透镜组，作用是照准和放大目标。调焦镜的作用是改变等效焦距以看清远近不同的目标。十字丝分划板上刻有互相垂直的细长线。竖直的一条称为竖丝，横的一条称为中丝，用于瞄准目标和读取读数。在中丝的上下还对称地刻有两条与中丝平行的横短线，称为视距丝，用于测量距离。十字丝分划板固定在望远镜的镜筒上，位于目镜和调焦镜之间，可以通过校正螺丝来进行调节。

（2）水准器。水准器是用来指示水准仪的视准轴是否水平或仪器的竖轴是否垂直的装置，有管水准器和圆水准器两种。管水准器用来指示视准轴是否水平，圆水准器用来指示竖轴是否垂直。

①管水准器。管水准器又称水准管，沿玻璃管内壁纵向磨成圆弧形，内装酒精和乙醚的混合液，加热融封，冷却后形成一个气泡。因为气泡较轻，所以总是处于管内最高点位置。通过水准管零点 O 作圆弧切线 LL，称为水准管轴。当气泡中心与水准管零点重合时，水准气泡居中，这时水准管轴 LL 水平。间隔 2mm 的分划线间的弧长所对应的圆心角称为水准管的分划值，用 τ 表示。它表示气泡移动一格时，水准管倾斜的角度值，公式如下：

$$\tau = 2\rho''/R \tag{1-6}$$

式中　ρ''——常数，其值为 206265″，1 弧度对应的角度以秒表示；

R——水准管圆弧半径，单位为 mm。

式（1–6）说明圆弧的半径 R 越大，角度值 τ 越小，水准管的灵敏度越高。DS3 水准仪的水准管分划值一般为 20″/2mm。

微倾式水准仪在水准管的上方安装了一组复合棱镜。复合棱镜的反射作用使气泡两端的影像反映在望远镜旁的符合气泡观察窗中。若气泡的半像错开，则表示气泡不居中。这时，应转动微倾螺旋，使气泡的半像吻合，同时表示气泡居中。目前国内生产的水准仪大多为自动安平水准仪，为无管水准器。

②圆水准器。圆水准器顶面的内壁是球面，中间有圆分划圈，圆圈的中心为水准器的零点，通过零点的球面法线为圆水准器轴线。当圆水准器气泡居中时，该轴线处于垂直位置。当气泡不居中，气泡中心偏移零点 2mm 时，轴线所倾斜的角度值称为圆水准器的分划值，一般为 8′~10′。由于它的精度较低，故只用于仪器的粗略整平，也就是只能使仪器的竖轴大致垂直。

（3）基座。基座的作用是支承仪器的上部并与三脚架连接，它主要由轴座、脚螺旋、底板和三角压板构成。

2. 水准尺和尺垫

水准测量时使用的标尺称为水准尺，其质量直接影响水准测量的精度。因此，水准尺需用不易变形的玻璃钢、铝合金或优质木材制成，要求尺长稳定，分划准确。常用的水准尺有塔尺、折尺和直尺等。

塔尺和折尺（图 1-3）多用于等外水准测量和地形测量，其长度有 2m、4m 和 5m 三种，有两节、三节和五节之分。尺的底部为零点，尺上黑白格相间，最小格宽度为 1cm，有的为 0.5cm，每 1m 和 1dm 处均有标记。

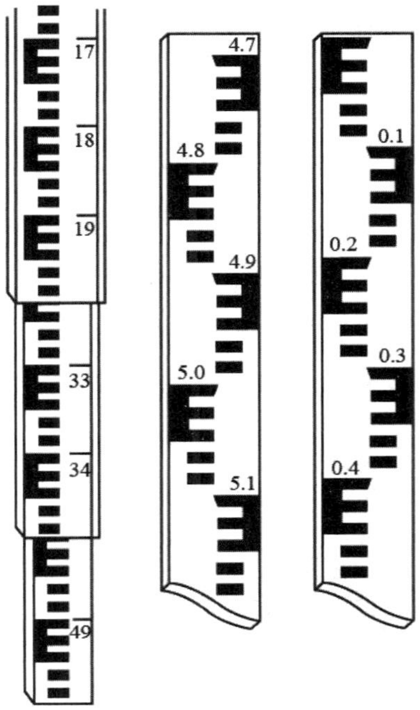

图 1-3 常用的水准尺（塔尺、折叠尺）

直尺多为双面水准尺（图 1-3），用于三、四等水准测量。其长度有 2m 和 3m 两种，且两根尺为一对。尺的两面均有刻度，一面为黑白相间，称黑面尺（也称主尺）；另一面为红白相间，称红面尺（也称辅尺）。两面的最小刻度均为 1cm，并在 dm 处注记。两根尺的黑面均由零开始。而红面，一根尺由 4.687m 开始，另一根由 4.787m 开始，这个差值通常称为基辅差。

尺垫是在转点处放置水准尺用的，它用生铁铸成，一般为三角形，中央有一凸起的半球体，下方有三个支脚，如图 1-4 所示。用时将支脚牢固地插入土中，以防下沉，上方凸起的半球形顶点作为立水准尺和转点标志之用。

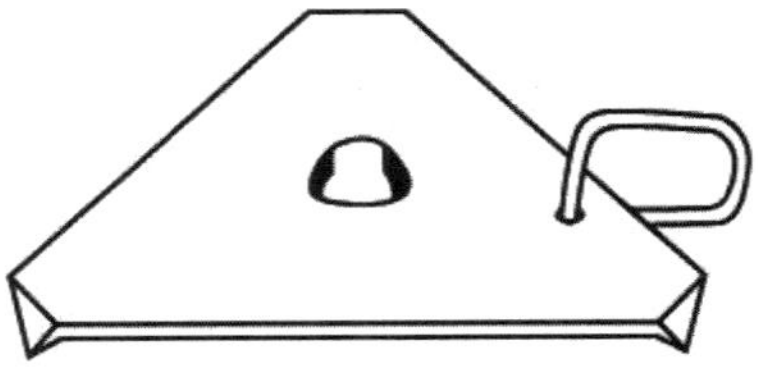

图 1-4 尺垫

（二）水准仪技术操作

水准仪的技术操作主要包括以下步骤。

1. 安置水准仪的操作

安置水准仪的操作目的是将仪器的脚架安置牢固。打开三脚架并使高度适中，目测使架头大致水平。接着检查架腿是否安置稳固，三脚架伸缩螺旋是否拧紧。然后打开仪器箱取出水准仪，置于三脚架头上，用连接螺钉将仪器连接固定。

需要注意的是，仪器高度要根据使用者身高确定；在泥土地安置仪器时应将脚架尖端插入泥土中；架头大致水平以保证能用脚螺旋整平仪器；拧紧脚架伸缩螺旋时不可用力过大。

2. 粗略整平的操作

粗略整平操作的目的是使仪器竖轴大致垂直，使视准轴粗略水平。整平圆水准器使气泡居中，如图 1-5（a）所示，气泡未居中而位于 a 处时，先按图上箭头所指的方向用两手相对转动脚螺旋①和②，使气泡移到 b 的位置［图 1-5（b）］，再左手转动脚螺旋③，使气泡居中。在整平的过程中，气泡的移动方向与左手大拇指运动的方向一致。需要注意的是，气泡的位置为高点，旋转脚螺旋时应随时观察其高低变化，以免越调越偏。

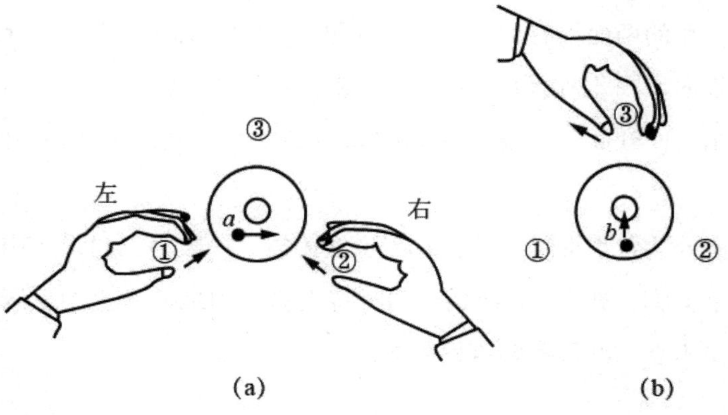

图 1-5　圆水准器气泡整平

3. 瞄准水准尺的操作

瞄准水准尺操作的目的是瞄准前后尺方向，为精平和读数创造条件。瞄准水准尺前，先进行目镜对光，即把望远镜对准明亮的背景，转动目镜对光螺旋，使十字丝成像清晰。再用望远镜筒上的照门和准星瞄准水准尺，拧紧制动螺旋。然后从望远镜中观察，转动物镜对光螺旋进行对光，使目标清晰，再转动微动螺旋，使竖丝对准水准尺。

当眼睛在目镜端上下微微移动时，十字丝与目标影像可能会有相对运动，这种现象称为视差。产生视差的原因是目标成像的平面和十字丝平面不重合［图 1-6（a）、（b）］。视差的存在会影响读数的准确性，必须加以消除。消除视差的方法是重新仔细地进行对光，直到从目镜端见到十字丝与目标的像无相对移动为止［图 1-6（c）］。需要注意的是，要防止因十字丝倾斜给水准测量带来误差，最好用十字丝中间瞄准水准尺。

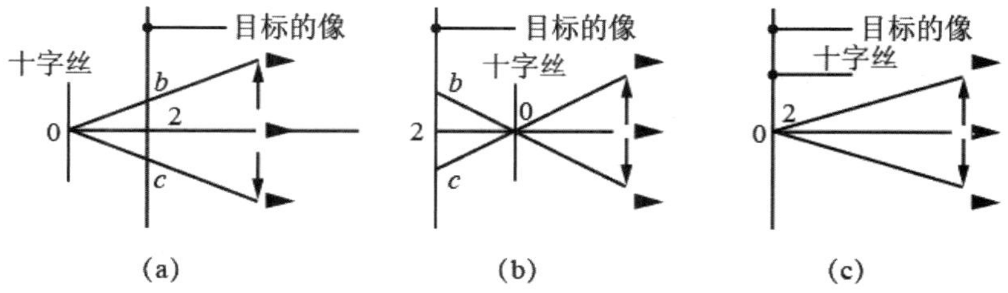

图 1-6 视差影响

4. 精确整平的操作

精确整平操作的目的是使仪器的水准轴和视准轴水平。眼睛通过位于望远镜左方的符合气泡观察窗看水准管气泡，右手转动微倾螺旋，使气泡两端的像吻合，即表示水准仪的视准轴已精确水平。需要注意的是，因为水准管十分灵敏，精平后仍可能移动，所以应在精平后马上读数。

5. 读数的操作

读数操作的目的是在标尺竖直、视准轴水平的情况下，读取尺面读数，为水准测量提供数据。用十字丝的中丝在尺上读数。无论水准仪采用的是倒像还是正像望远镜，读数时应从小数往大数读。需要注意的是，读数前应判明水准尺的刻度、数字注记和零点。为防止气泡偏移，精平后马上读数，并且先估读毫米数。

6. 扶尺的操作

扶尺操作的目的是将水准尺竖直地立在点上。水准尺左右倾斜容易在水准仪中发现，可及时纠正。但是当水准仪前后倾斜时，测量人不易发现，可能造成读数偏大。所以要求测量人扶尺时，应站在尺的后面双手把握，高精度水准测量时要借助尺上的气泡来保证水准尺竖直。需要注意的是，地面倾角较大时，可轻轻前后晃动水准尺，读取最小读数；在尺垫上立尺，要注意防止尺垫移动和尺子滑落。

第二节　角度测量及电子经纬仪

一、角度测量

（一）角度测量的原理

地面点位的确定常常要进行角度测量。“角度测量包括水平角测量和竖直角测量。”①测量水平角可用于求算点的平面位置，测量竖直角可用于测定高差或将倾斜距离改算为水平距离。早期最常用的角度测量仪器是光学经纬仪或电子经纬仪，现在是全站仪。

1. 水平角测量的原理

水平角是指地面上一点到两个目标点的方向线垂直投影到水平面上的夹角，一般用 β 表示，取值范围为 0°~360°。如图 1-7 所示，O 为地面上的一点，A、B 为地面上的两个目标点，OA 和 OB 两条方向线所夹的水平角，即为 OA 和 OB 在水平面 H 上的垂直投影 O_1A_1 和 O_1B_1 所构成的夹角 β 。

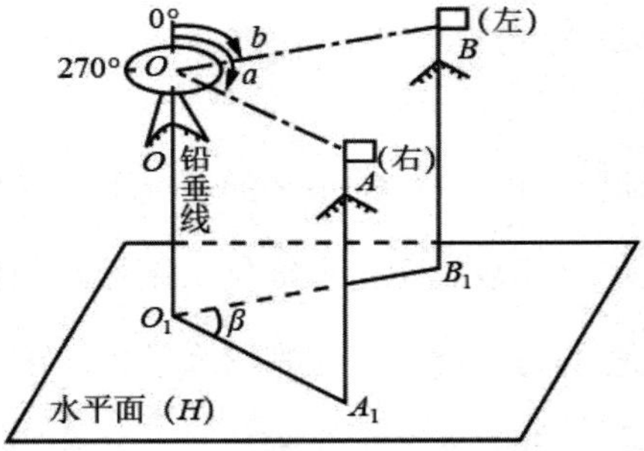

图 1-7　水平角测量原理

图 1-7 中，可在 O 点上方的任意高度处水平安置一个带有刻度的圆盘，并使圆盘中心过 O 点的铅垂线。通过 OA 和 OB 各作一铅垂面，设这两个铅垂面在刻度盘上的读数分别为 a 和 b，则水平角 β 的角值为

$$\beta = a - b \tag{1-7}$$

① 黄声享，高飞. 土木工程测量［M］. 武汉：武汉大学出版社，2019：42.

用于测量水平角的仪器，必须具备一个能置于水平位置的水平度盘，且水平度盘的中心位于水平角顶点的铅垂线上。仪器上的望远镜不仅可以在水平面内转动，还能在竖直面内转动。经纬仪就是据此而设计、制造的测角仪器。

2. 竖直角测量的原理

竖直角是指在同一竖直面内某一倾斜方向线与水平线的夹角，测量上又称为倾斜角或竖角，用 α 表示，范围为 0°~±90°。如图 1-8 所示，视线 AB 与水平线 AB' 的夹角 α 为 AB 方向线的竖直角。该角值从水平线算起，向上为正，称为仰角：向下为负，称为俯角。

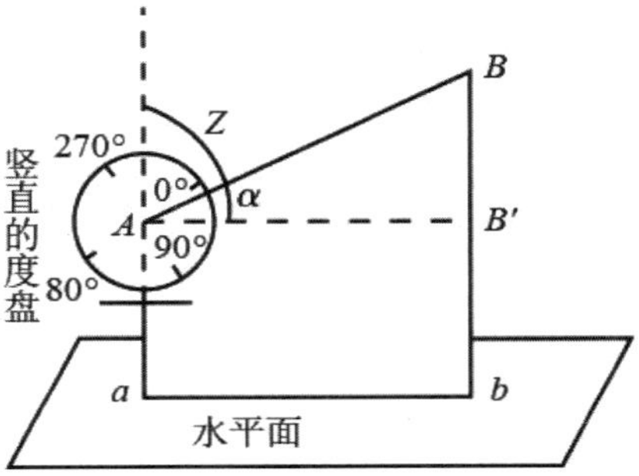

图 1-8　竖直角测量的原理

另外，视线与测站点天顶方向之间的夹角称为天顶距，图 1-8 中以 Z 表示，其取值为 0°~180°。同一目标方向的竖直角 α 和天顶距 Z 之间有如下关系：

$$\alpha = 90° - Z \tag{1-8}$$

用于测量竖直角或天顶距的仪器须装置有带刻划注记的竖直圆盘，即竖直度盘，该度盘中心在望远镜旋转轴上，竖直度盘的读数指标线与竖盘指标水准管相连，当该水准管气泡居中时，指标线处于某一固定位置。显然，照准轴水平时的度盘读数与照准目标读数之差，即为所求竖直角 α。

（二）角度测量的仪器

此处主要探讨光学经纬仪的结构及其读数装置。我国生产的光学经纬仪按其精度等级划分为 DJ07、DJ1、DJ2、DJ6、DJ10 等几种，其中 D、J 分别是“大地测量”与“经纬仪”汉语拼音的第一个字母，07、1、2、6、10 表示仪器精度，分别为该仪器一测回方向观测的误差（以秒为单位）。下面分别介绍土木工程中经常使用的两种精度等级的光学经纬仪——DJ6 光学经纬仪和 DJ2 光学经纬仪。

1. DJ6 光学经纬仪

（1）DJ6 光学经纬仪的构造。DJ6 光学经纬仪是中等精度的测量仪器。目前，工程测量中经常使用，主要由基座、水平度盘、照准部三部分组成。

①基座。基座包括轴座、脚螺旋和连接板。脚螺旋用于整平仪器，连接板可以将仪器与三脚架通过连接螺旋固定在一起。连接螺旋下有垂球钩，可悬挂垂球进行垂球对中，或用光学对点器对中，以便将仪器中心安置在测站点上。

②水平度盘。水平度盘是光学玻璃制成的圆环，环上刻有 0°~360°的分划线，并按顺时针方向加以标记。有的还在每度刻线之间加刻一短分划线，因此相邻两分划线间的格值有 1°和 30′两种。

③照准部。照准部是指在水平度盘之上，能绕其旋转轴旋转的全部部件的总称。照准部主要由望远镜、竖盘装置、照准部水准管、光学读数系统、竖轴和横轴等部件组成。望远镜用于瞄准远处目标。竖盘装置包括度盘及其读数指标调节指示系统，用于竖直角的测量。照准部水准管用于置平水平度盘。光学读数系统用于读取度盘分划值。仪器竖轴又称旋转轴，装在照准部的下部，插入水平度盘空心轴套内，可使照准部作水平方向的旋转。控制照准部水平运动的有水平制动螺旋和微动螺旋，控制照准部绕横轴作竖直运动的有竖直制动螺旋和微动螺旋。

（2）DJ6 光学经纬仪的读数装置。DJ6 光学经纬仪的读数装置主要包括显微放大装置和测微装置。显微放大装置的主要作用是通过仪器外部的反光镜接收入射光照明度盘，然后通过内部一系列的棱镜和透镜组成的显微物镜，将度盘分划线影像转向、放大，成像在显微目镜的承影面上，通过读数窗获取读数。测微装置是在读数窗承影面上测定小于 1°盘格值的值的装置。DJ6 光学经纬仪通常采用以下两种类型的测微装置。

①分微尺型读数装置。分微尺型读数装置在读数显微窗的场镜位置安装有分微尺分划板，度盘影像投影在分微尺上，如图 1-9 所示为读数显微镜中所看到的度盘影像。上面标记“水平”或“H”的为水平度盘，下面标记“竖直”或“V”的为竖直度盘，使度盘上每度刻划间的长度放大后恰好与分微尺的刻划总长度相等，在分微尺上刻有 60 个小格，每个小格为 1′，可估读到十分之一格，即 0.1′（6″）。先根据分微尺上度盘分划线读取度数，再以度盘分划线作为分微尺的读数指标，在分微尺上读取不足 1°的读数，两个读数的和即为整个读数，如图 1-9 所示水平度盘读数为 261°5. 0′，竖直度盘读数为 90°55.0′。

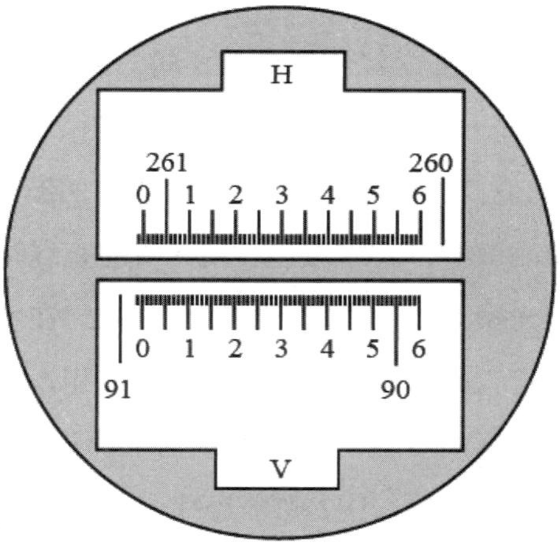

图 1-9　分微尺型读数

②测微尺型读数装置。测微尺型读数装置主要由平板玻璃、测微轮和传动齿轮等组成。转动测微轮可带动平板玻璃与测微尺同步移动，使通过平板玻璃的度盘刻划线影像在读数窗内平行移动。当度盘刻划线移动至读数窗内专供读数用的双指标线的正中央时，该刻线移动的角值，可在测微尺影像上读出。如图 1-10 所示为读数显微镜中所看到的度盘和测微尺影像，上面为测微尺，中间为竖直度盘，下面为水平度盘。度盘的最小格值为 30′，测微尺共有 30 大格，每大格 1′，每大格又分为 3 小格，每小格 20″。读数时，先转动测微轮，使度盘某分划线夹于双指标线中间，读出该分划线的度盘数，再根据单指标线在测微尺上读出分（′）和秒（″）的数值，两者之和即为全部读数。如图 1-10 所示，水平度盘读数为 39°52′40″。

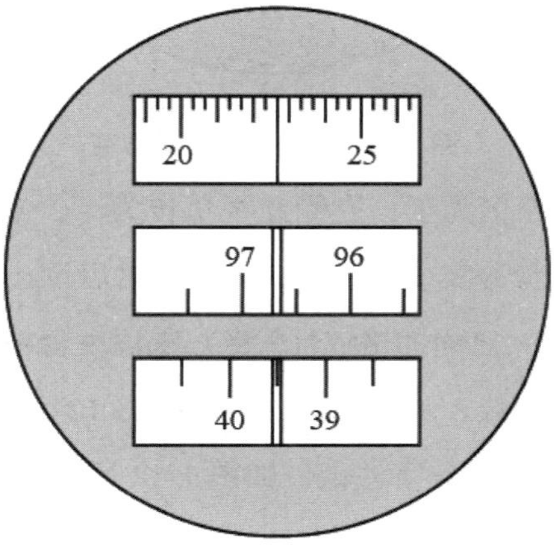

图 1-10　测微尺型读数

2. DJ2 光学经纬仪

DJ2 光学经纬仪的构造与 DJ6 光学经纬仪基本相同，DJ2 光学经纬仪除了望远镜的放大倍数较大，度盘读数部分采用了双平板玻璃（或双光楔）测微器，同时可读取度盘对径相差 180°两端分划线处读数的平均值，这样可消除度盘偏心误差的影响，从而提高了读数精度。

读数测微系统采用光楔测微器，其原理是利用光楔的直线运动，使通过它的度盘分划线影像产生位移，位移量与光楔运动量成正比，依此测微。在度盘相差 180°的对径位置各安装一对楔镜。其中一个固定，另一个与测微轮、测微尺相连。当转动测微轮时，楔镜间的距离发生变化，使得通过楔镜的度盘对径影像按上下两排在读数窗内作相对平行移动。移动的角值平均数可从测微尺上读出。DJ2 光学经纬仪在读数显微镜中只能看到水平度盘或竖直度盘的一种，读数时，通过度盘换像手轮变换成水平度盘或竖直度盘，从读数窗中分别读取水平度盘和竖直度盘的观测角值。如图 1-11 所示，大窗口为度盘对径分划，上排注字为正像，下排为倒像，注字相差 180°，度盘格值 20′。

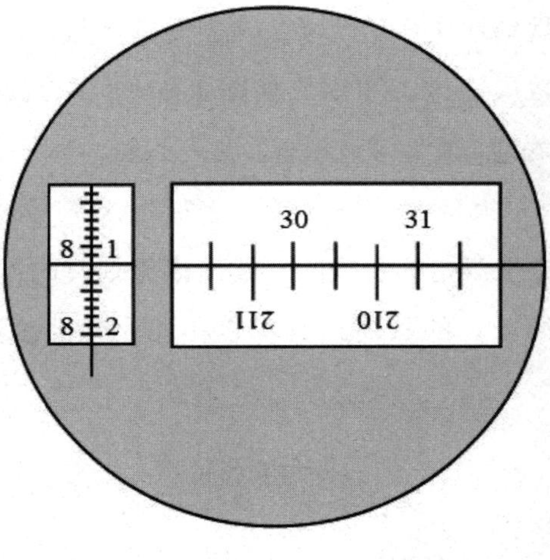

图 1-11　光楔测微器读数窗

小窗口为测微尺分划，格值为 1″，左侧注字单位为 1′，右侧注字单位为 10″。读数时转动测微轮，使上下相邻度盘分划线重合（对齐），然后读出正像分划的度数（30°）及其相差 180°倒像分划（210°）之间的格数（2 格）乘以度盘格值之半（10′），即得大窗口读数 30°20′，再加上测微尺读数 8′12″，总读数为 30°28′12″。

有些 DJ2 光学经纬仪采用了数字注记，如图 1-12 所示，中间窗口为度盘对径刻划线影像，上面窗口两端注字为度，中央注字为 10′数，下面窗口为测微尺影像，上下注字单位分别为分（′）和 10″。读数前，先转动测微轮，使中间窗口度盘对径刻划线重合，然后得到上面窗口读数为 32°20′，下面窗口读数为 4′34.0″，总的读数为 32°24′34.0″。

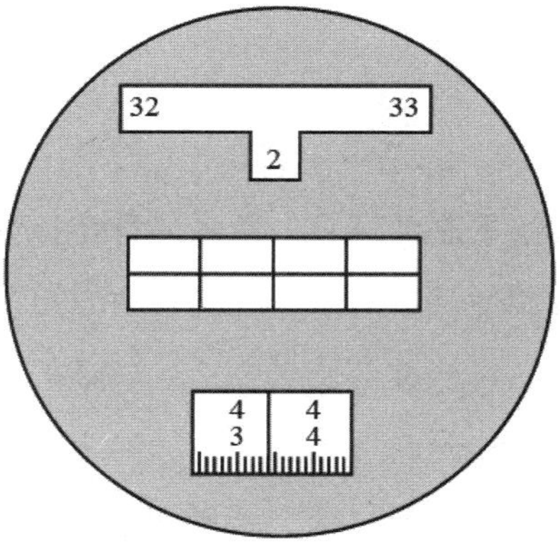

图 1-12　数字化的读数

3. 光学经纬仪的操作

光学经纬仪的基本技术操作主要包括以下项目。

（1）仪器安装。仪器安装的步骤如下。

①解开三脚架捆脚皮带。

②将三只伸缩制动螺旋（或扳手）松开，调整好其长度使脚架高度适合于观测者的身高。

③在测点之上张开三脚架腿，使其成正三角形等间距位置，测点位于正三角形的中心位置。

④踩实三脚架踏脚，并以一只脚的高度为标准，调节其余两脚使架头大致水平。

⑤将仪器装在三脚架头上大致中央位置，一只手握住仪器，另一只手将三脚架的中心螺旋旋入仪器基座中心螺孔中并紧固。

（2）仪器对中。对中的方式有光学对中和垂球对中两种，其操作步骤是不一样的，分别如下。

①光学对中。光学对中是分别旋转光学对点器目镜视度圈和调焦手轮，使圆形分划板与测点标志周围同时清晰成像在同一平面上。平移三脚架，使对点器分划中心大致对准测点的中心，将三脚架的脚尖踏入土中。松开中心连接螺旋，推动仪器基座，将整个仪器在架头上平移，使光学对点器分划中心（圆环中心或十字中心）与测点标志精确重合，旋紧中心螺旋，也可借助脚螺旋对中。

②垂球对中。垂球对中是将垂球线悬挂于连接螺旋中心的挂钩上，调整垂球线长度使垂球尖略高于测点。平移三脚架，使垂球尖大致对准测点的中心，将三脚架的脚尖踏入土中。然后略旋松仪器中心连接螺旋，双手扶住仪器基座，在架头上平行移动仪器，使垂球尖准确对准测站点后，再旋紧中心连接螺旋。

（3）仪器整平。整平分为粗平和精平，具体操作程序如下。

①粗略整平。伸缩三脚架腿，使圆水准气泡居中，此操作一般不会破坏已完成的对中关系。

②精确整平。放松照准部水平制动螺旋，使水准管与一对脚螺旋连线平行。两手拇指同时相向或向背旋转一对脚螺旋使气泡居中，气泡移动方向和左手大拇指运动方向一致。

③转换度盘位置精平调整。将照准部旋转 90°，与脚螺旋连线的方向垂直，调节第三个脚螺旋使气泡居中。

④对镜检查。将照准部旋转至对径位置（旋转 180°），检查气泡是否居中。若不居中（一般大于 2mm），则重复以上操作。精平仪器后需要再次检查对中情况，如果对中关系被破坏，就要再次进行精确对中和精确整平操作。光学对中的精度（≤1mm）比垂球对中的精度（≤3mm）高，特别是在风力较大的情况下更适宜用光学对中法安置仪器。

（4）照准与读数。照准的目的是确定目标方向所在的位置和所在度盘的读数位置，读数是读取目标方向所在度盘上的方向值，其操作过程如下。

①目镜对光、粗瞄。松开制动螺旋，将望远镜指向远方明亮背景（如天空），调节目镜，使十字丝影像清晰。然后转动照准部，利用望远镜上的缺口、准星或瞄准器对准目标，拧紧制动螺旋。

②物镜对光、精瞄。调节物镜对光螺旋，使目标成像清晰，并消除视差。

③转动微动螺旋使十字丝准确对准目标。测水平角时，视目标的大小，用纵丝平分目标，或与目标相重合（单丝）。测竖直角时，用中横丝与目标顶部相切。

④调整反光镜约 45°，将镜面调向来光方向，使读数窗上照度均匀，亮度恰当。

⑤调节读数显微目镜，使视场影像清晰。

⑥读数。首先，区分度盘的测微类型，判断度盘及其分微尺、测微尺的格值；其次，根据前面介绍的读数方法读数。读数时和读数中，度盘和望远镜位置均不能动，否则读数一律无效，必须返工重测。

二、电子经纬仪

为了使所测量的角度数据能自动显示、自动记录和传输，常采用光电扫描度盘将角度值变为电信号，再将电信号转化为角度值，达到自动测角的目的，这种经纬仪称为电子经纬仪，它是在微处理器控制下，集机、光、电于一体，带有电子扫描度盘，实现测角数字化的新型测量仪器。电子经纬仪与光电测距仪结合成一体又称为全站仪，目前已被广泛应用于测量工作中，并将逐渐取代传统光学经纬仪和电子经纬仪。电子经纬仪的测角读数系统采用的是光电扫描度盘和自动显示系统。根据光电扫描度盘获取电信号的原理不同，电子经纬仪的电子测角系统主要：编码测角系统、光栅式测角系统及动态式测角系统。

（一）编码测角系统

利用编码度盘进行测角是电子经纬仪中采用最早，也是较为普遍的电子测角方法。为了分区，对度盘进行二进制编码，将整个玻璃度盘沿径向划分为2^n条由圆心向外辐射的等角距码区，n 条码道（同心圆环），将每条码区分成 n 段黑白光区。设黑区透光为 1，白区不透光为 0，则对应不同码区都可组成以 n 位数为一组的编码。如图 1-13 所示，码道数 $n=4$，码区数 $2^4=16$，每条码区依次标有不同的 4 位数编码，如第十三码区的编码为 1101。每码区的角值为 $360°/2^4=22°30'$。

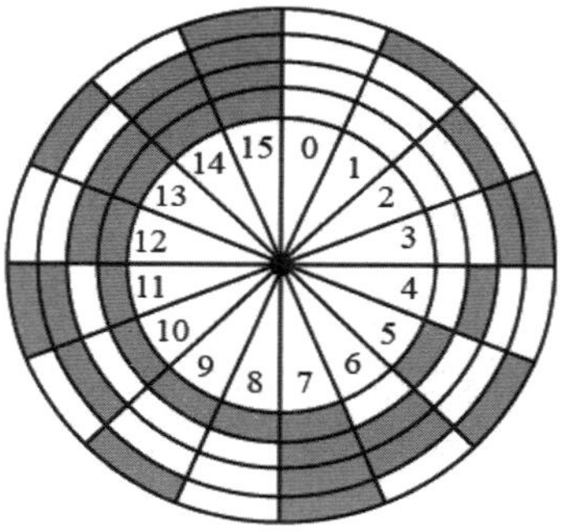

图 1-13　多码道编码度盘

为了识别照准方向落在度盘所在码区位置的编码，如图 1-14 所示，在度盘上方按码道划分的光区位置，安装了一排发光二极管，组成发光阵列，在度盘下方对应位置安装了一排光电二极管，组成光信号接收阵列，上下阵列对度盘光区扫描。发光阵列通过光区发出信号 1（透光）和 0（不透光），使接收阵列分别输出高压和低压信号，通过译码器而获得照准方向所在码区的绝对位置。

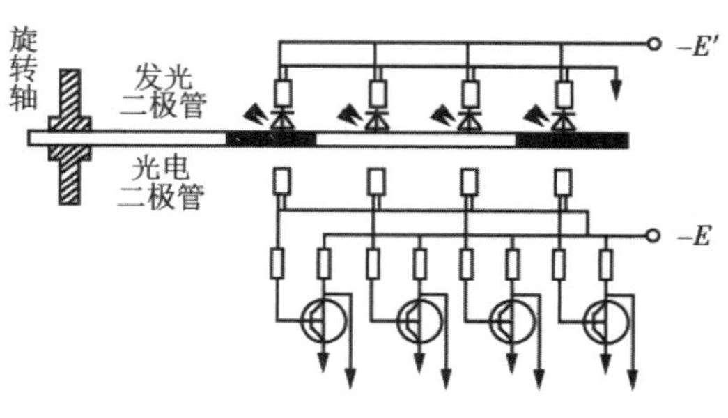

图 1-14　编码识别原理

编码度盘的分辨率，即码区角值的大小 $360°/2^n$ 取决于码道数 n，n 越大，则分辨率越高。如分辨率要求达到 10′，则需要 11 个码道，2048 个码区，即 $360°/2^{11} = 360°/2048 = 10'$。设度盘直径 $R = 80\text{mm}$，每码区圆心角所对的最大弧长为

$$\Delta S = \frac{10'}{\rho'} \cdot \frac{R}{2} = \frac{10'}{3438'} \cdot 40\text{mm} = 0.12\text{mm} \tag{1-9}$$

式中　ρ'——1 弧度对应的 60 进制角度，以分表示为 3438′。

显然，要将光区发光元件做成小于 0.12mm 的尺寸是极其困难的。因此，编码度盘只用于角度粗测，精测还需利用电子测微技术才能实现。

（二）光栅式测角系统

在电子经纬仪中，另一种被广泛使用的测角方法是光栅度盘测角方法。由于这种方法比较容易实现，目前已被许多厂家采用。如图 1-15（a）所示，在玻璃圆盘刻度圈上，全圆式地均匀刻划出密集型的径向细刻线，光线透过时呈现明暗条纹，这种度盘称为光栅度盘。通常光栅的刻线不透光，缝隙透光，两者宽度相等，栅距为 d。栅距所对的圆心角即为光栅度盘的分划值。度盘的光栅条纹数一般为 21600 条，条纹间距对应角值为 1′，也有 10800 条的度盘，条纹间距对应角值为 2′。角度测量过程就是对光栅条纹数的计数和对不足一个条纹宽度的测微（细分）过程。

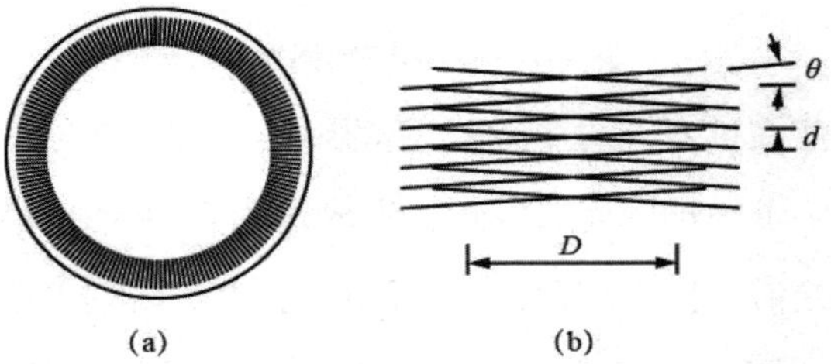

图 1-15　光栅式测角原理

为了提高度盘的分辨率，在度盘上下方分别安装发光器和光信号接收器。在接收器与底盘之间设置一块与度盘刻线密度相同的光栅，称为指示光栅。如图 1-15（b）所示，指示光栅与度盘光栅间有一个微小夹角 θ，它们叠加在一起后就产生一种特别的光学现象——莫尔条纹。指示光栅、发光器和接收器三者位置固定，唯有光栅度盘随照准部旋转。当发光器发出红外光穿透度盘光栅时，指示光栅上就呈现出放大的明暗条纹（莫尔条纹），纹距为 D。

根据光学原理，莫尔条纹具有以下特征。

第一，D 与栅距 d 成正比，与倾斜角 θ 成反比，三者应满足以下关系，即

$$D = \frac{d}{\theta}\rho' = kd \tag{1-10}$$

式中　k——莫尔条纹放大倍数。当$\theta = 7'$时，$k = p'/\theta = 3438'/7' \approx 500$。

第二，度盘旋转一个栅距 d，莫尔条纹移动一个纹距 D，亮度相应按正弦波变化一个周期，接收器随光信号转换的电流变化一个周期。所以，当望远镜从一个方向转到另一个方向时，流过光电管的光信号的周期数就是两方向间的光栅数。测角时，望远镜瞄准起始方向，使接收电路中计数器处于“0”状态。当度盘随照准部正、反向转至另一目标方向时，计数器在判向电路控制下对莫尔条纹亮度变化的周期数进行累加、减计数，最后经过程序处理，显示出观测角值。如果在电流波形的一个周期内输入 n 个脉冲，并对流过的脉冲计数，就可以将角度分辨率提高 n 倍。这种累加栅距测角的方法，称为增量式测角方法。

（三）动态式测角系统

在玻璃度盘上分划出若干等距的径向区格，每一区格由一对黑白光区组成，白的透光、黑的不透光。区格相应的角值，即格距为 φ（图 1-16）。

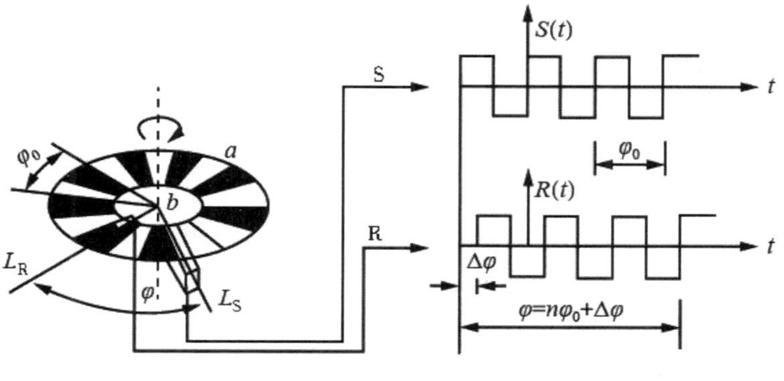

图 1-16　动态式测角原理

例如，将度盘分划为 1024 个区格，格距为 $\varphi_0 = 360°/1024 = 21'05.625''$。测角时，为了消除度盘刻度误差，按全圆刻度误差总和等于零的原理，用微型电机带动度盘匀速旋转，利用光栏上安装的电子元件对度盘进行全圆式扫描，从而获得目标的观测方向值。

图 1-16 中，在度盘的外缘安装固定光栏 L_S 与基座相连，充当 0 位线；在度盘的内缘安装活动光栏 L_R，随照准部转动，充当方向指标线。在每支光栏上装有发光器和光信号接收器，分别置于度盘上下的对称位置。发光器发出的光通过光栏上的光孔，随着旋转度盘透光、不透光区格的移动，形成明暗变化的光信号。接收器将光信号转换为正弦波，经整形成为方波电流，方波电流的幅值和相位分别由 S、R 端口输出，以便计数和相位测量。

L_S与L_R之间的夹角φ为$n\varphi_0$。与不足一个格距$\Delta\varphi$之和，即

$$\varphi = n\varphi_0 + \Delta\varphi \tag{1-11}$$

式中，n和$n\varphi_0$可由粗测和精测求得。

第一，粗测。在度盘同一径向上，对应L_S、L_R光孔位置各设置一个标志。度盘旋转时，标志通过L_S，计数器对脉冲方波开始计数；当同一径向的另一标志通过L_R时计数器停止计数。计数器计得的方波数即为φ_0的倍数n。

第二，精测。设φ_0对应的时间为T_0，$\Delta\varphi$对应的时间为ΔT，因度盘是等速旋转的，它们的比值应相等，故

$$\Delta\varphi = \frac{\varphi_0}{T_0}\Delta T \tag{1-12}$$

式中　ΔT——任意区格通过L_S，紧接着另一区格通过L_R所需要的时间。

ΔT可通过在相位差$\Delta\varphi$中填充脉冲，并计数，根据已知的脉冲频率和脉冲数计算出来。度盘转一周可测出1024个$\Delta\varphi$，取其平均值求得$\Delta\varphi$。

粗测和精测的数据经过微处理器处理，观测的角值由液晶屏显示出来。这种以旋转度盘测角的方法，称为动态式测角方法。

第三节　距离测量及全站仪

一、距离测量

距离测量是测量的基本工作之一，测量中的距离概念为两点间的水平长度。如果测得的是倾斜距离，还必须换算为水平距离。按照所用仪器、工具不同，距离测量的方法有钢尺量距、视距测量、电磁波测距以及卫星定位系统测距等。下面重点阐述钢尺量距、视距测量、电磁波测距。

（一）钢尺量距

1. 钢尺量距的常用工具

钢尺量距工具主要有钢尺、皮尺，辅助工具有花杆、测钎、垂球、弹簧秤和温度计等。

（1）钢尺。钢尺分为普通钢尺和因瓦基线尺两大种类。普通钢尺是钢制的带状尺，尺

宽为 10~15mm，长度有 20m、30m、50m 等多种。为了便于携带和保护，将钢尺卷放在圆形尺盒内或金属尺架上。目前，多数钢尺基本分划为毫米，在每厘米、每分米及每米处均有数字标记，便于量距时读数。

根据零点位置的不同，钢尺可以分为端点尺和刻线尺。端点尺是以尺的最外端及拉环外缘作为尺的零点，如图 1-17（a）所示，当从建筑物墙边开始测量时使用方便，但是拉环易磨损；刻线尺以尺前端的一刻线作为尺的零点，如图 1-17（b）所示。

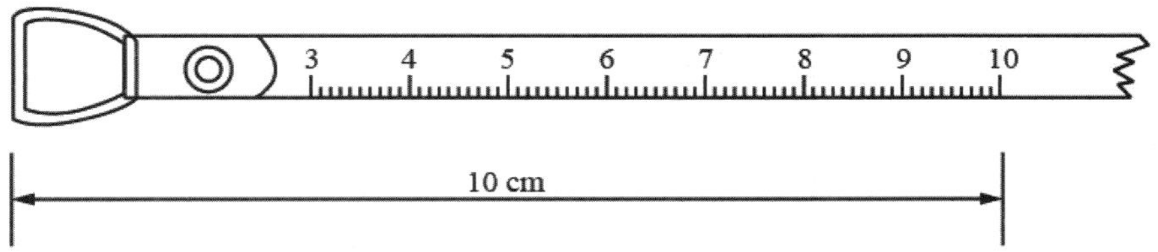

（a）

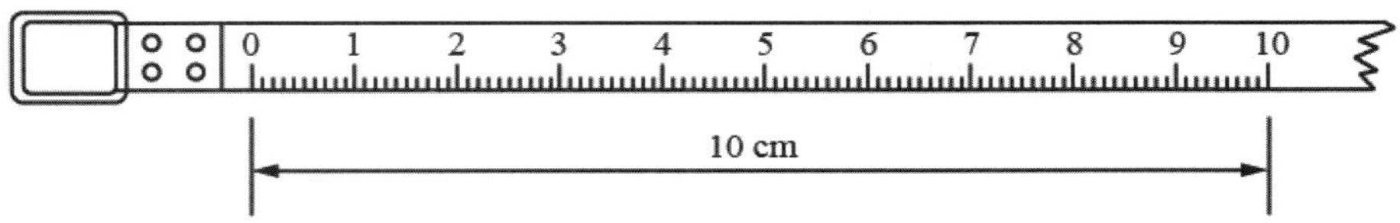

（b）

图 1-17　钢尺

因瓦基线尺是用镍铁合金制成的，其形状是线状，直径为 1.5mm，长度为 24m，尺身无分划和数字标记。在尺两端各连一个三棱形的分划尺，长为 8cm，其上分划最小为 1mm。因瓦基线尺全套由 4 根主尺、1 根 8m 或 4m 长的辅尺组成。不用时安放在带有鼓卷的尺箱内。

（2）皮尺。皮尺外形同钢卷尺，用麻布或纤维制成，基本分划为厘米，零点在尺端。皮尺精度低，只用于精度要求不高的距离测量。钢尺量距最高精度可达到 1/30000（相对误差），由于其在短距离量距中使用方便，常在工程中使用；因瓦基线尺由温度变化引起的尺长伸缩变化小，量距精度高，可达到 1/1000000，常用于精度要求很高的基线测量中。

（3）辅助工具。花杆长度有 2m、3m、5m，直径为 3~4cm，杆上涂以 20cm 间隔的红漆、白漆，以便远处也能清晰可见，用于标定直线。测钎是用直径为 5mm 左右的粗铁丝制成的，长约 30cm，它的一端磨尖，便于插入土中，另一端做成环状，便于携带。测钎以 6 根或 11 根为一组，用来标志所量尺段的起、止点和计算已量过的整尺段数。垂球用来投点。此外，辅助工具还有弹簧秤和温度计等，用于控制拉力和测定温度。

2. 钢尺量距的主要方法

（1）钢尺量距的直线定线法。当两个地面点之间的距离较长或地势起伏较大时，为使量距工作更加方便，可将待量直线分成几段进行测量。这种把多根标杆标定在已知直线上的工作称为直线定线，方法有目视定线和经纬仪定线两种。

①一般量距用目视定线，如图 1-18 所示，A、B 为待测距离的两个端点，先在 A、B 点上竖立花杆，然后甲立在点 A 后 1～2m 处，由 A 瞄向 B，使视线与花杆边缘相切，并指挥乙持花杆立在 A、B 之间的点 2 上左右移动，直到 A、2、B 三支花杆在一条直线上为止，然后将花杆竖直地插下。直线定线一般应由远到近，即先定点 2，再定点 1。

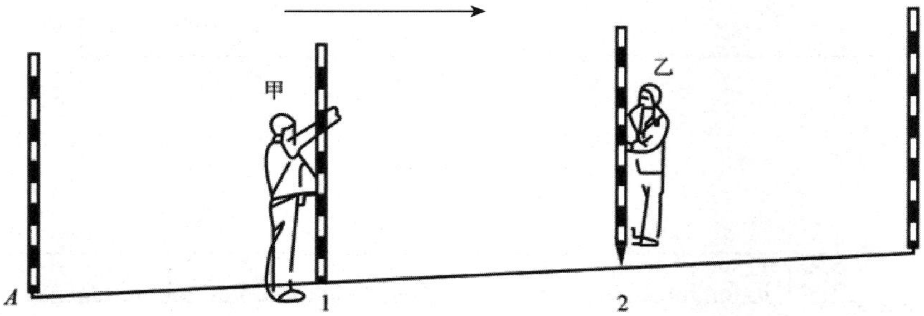

图 1-18　目视定线

②钢尺精密量距用经纬仪定线，如图 1-19 所示，设 A、B 两点互相通视，甲将经纬仪安置在点 A，用望远镜纵丝瞄准点 B，在水平方向上制动照准部，上下转动望远镜，指挥位于两点间的乙左右移动花杆，直至花杆影像被纵丝平分。为了减少照准误差，可以用直径更细的测钎或垂球线代替花杆。

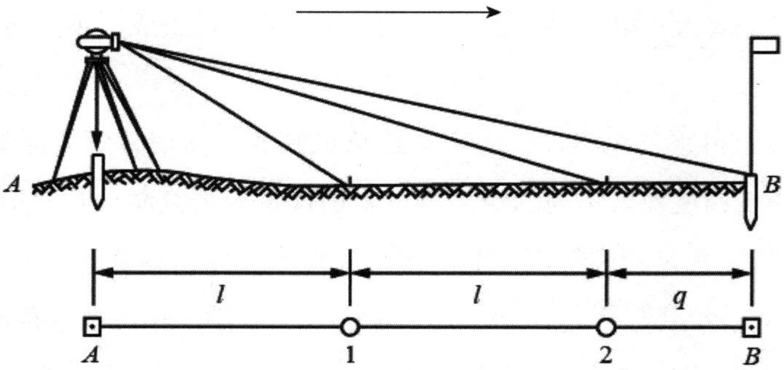

图 1-19　经纬仪定线

（2）钢尺量距的常规方法。

①平坦地区的距离测量。下木桩（桩上钉一小钉），然后在待测两端点 A、B 的外侧各立一花杆，清除直线上的障碍物后即可开始测量。如图 1-20 所示，后尺手持尺的零端

位于点 A，并在点 A 插一测钎。前尺手持尺的末端并携带一组测钎（其余 5 根或 10 根）沿 AB 方向前进，行至一个尺段处停下。后尺手以手势指挥前尺手将钢尺拉在 AB 直线上，两人同时把钢尺拉紧，拉平和拉稳后，前尺手在尺的末端整尺段长分划处竖直插下一根测钎（如果在水泥地面上测量无法插测钎时，也可以用粉笔在地面上画线做记号或打下水泥钉做标志）得到 1 点，这样便量完一个整尺段。随之，后尺手拔起点 A 上的测钎与前尺手共同举尺前进，当后尺手到达插测钎或画记号处时停住，同法量出第二尺段。依次继续测量下去，直至量完 AB 直线的最后一段为止。

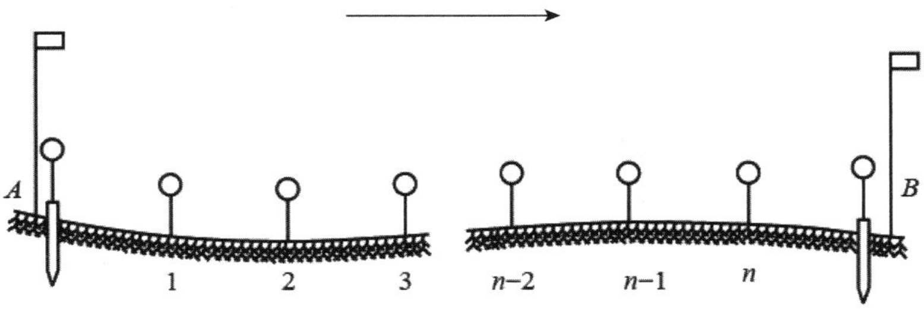

图 1-20　平坦地区的距离测量

最后一段距离一般不会刚好是整尺段的长度，如图 1-20 中的 n—B 段，称为余长。测量余长时，仍然是后尺手持尺的零端对准点 n，前尺手在钢尺上读取余长值，则 AB 两点间的水平距离为

$$D_{AB} = nl + q \tag{1-13}$$

式中　n——整尺段数；

l——钢尺长度；

q——不足一整尺段长的余长。

为了防止测量中发生错误及提高量距精度，距离要往返测量。上述为往测，返测时要重新定线，取往返测量距离的平均值作为测量结果。量距精度以相对误差表示，通常化为分子为 1 的分数形式，即

$$K = \frac{|D_{往} - D_{返}|}{D_{平均}} = \frac{1}{\dfrac{D_{平均}}{|D_{往} - D_{返}|}} \tag{1-14}$$

式中　$D_{平均}$——往返测量距离的平均值。

例如，测 A、B 点的水平距离，往测距离为 231.54m，返测距离为 231.48m，往返测量距离的平均值为 231.51m，故其相对误差为在平坦地区，钢尺量距的相对误差一般不应大于 1/3000；在量距困难地区，其相对误差也不应大于 1/1000。当量距的相对误差没有超

出上述规定时，可取往返测量距离的平均值作为量距成果。

②倾斜地面的距离测量。可细分为平量法与斜量法两种。

平量法。沿倾斜地面测量距离，当地势起伏不大时，可将钢尺拉平测量，如图 1-21 所示，测量由点 *A* 向点 *B* 进行，甲立于点 *A*，指挥乙将尺拉在 *AB* 方向线上。甲将尺的零端对准点 *A*，乙将尺抬高，并且目估使尺水平，然后用垂球尖将尺段的末端投影于地面上，再插测钎。若地面倾斜较大，将钢尺抬平有困难，则可将一尺段分成几段来平量，如图 1-21 中的 *EF* 段。

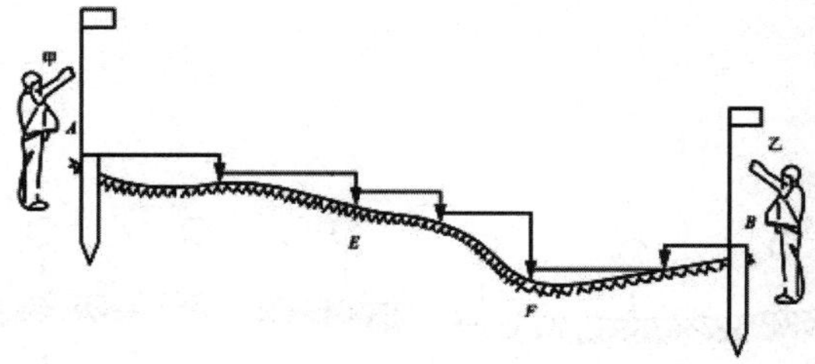

图 1-21　平量法示意图

斜量法。当倾斜地面的坡度比较均匀时，可采用斜量法。如图 1-22 所示，可以沿着斜坡测量出 *A*、*B* 的斜距 *L*，测出地面倾斜角 α 或 *AB* 的高差 *h*，然后计算：

$$D = L\cos\alpha = \sqrt{L^2 - h^2} \tag{1-15}$$

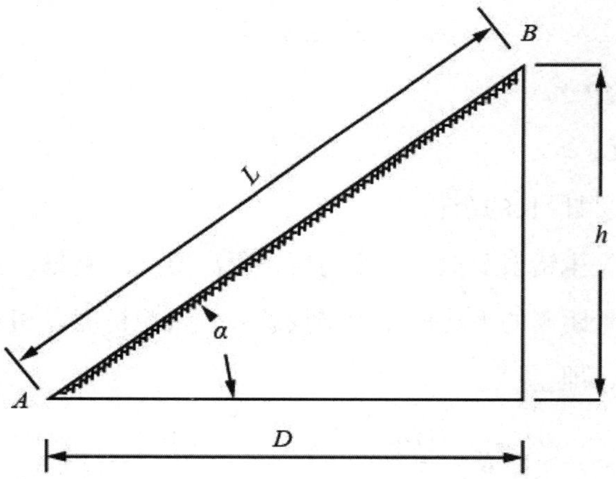

图 1-22　斜量法示意图

（3）钢尺量距的精密方法。用常规方法量距，量距精度只能达到 1/5000～1/1000，当量距精度要求更高时，如 1/40000～1/10000，就要用精密的方法进行测量。

①钢尺精密量距方法。

首先要定线。如图 1-23 所示，欲精密量取直线 *AB* 的长度，应先清除直线上的障碍物，再安置经纬仪于点 A，瞄准点 B，用经纬仪进行定线。先用钢尺进行概量，在视线上依次定出比钢尺一整尺略短的 $A1$ 等尺段。在各尺段端点打下大木桩，桩顶高出地面 3～5cm，在桩顶钉一白铁皮。利用点 A 的经纬仪进行定线，在各白铁皮上画一条线，使其与 AB 方向重合，另画一条线垂直于 AB 方向，形成十字，作为测量的标志，或者在各尺段端点打下水泥钉，使其中心与 AB 方向重合，作为测量的标志。

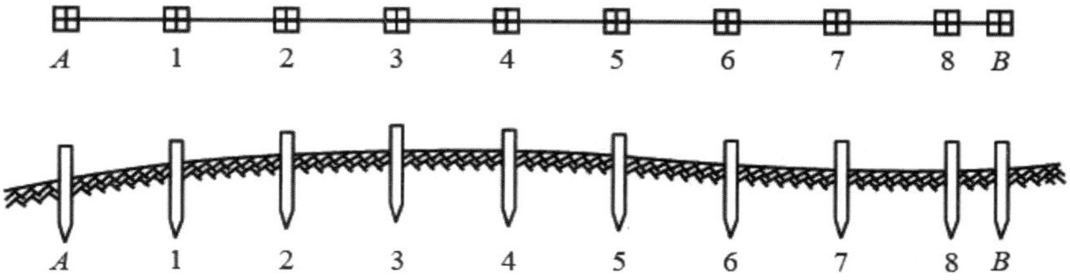

图 1-23　钢尺精密量距方法

其次要量距。用检定过的钢尺测量相邻两木桩或水泥钉的距离。测量组一般由 5 人组成，2 人拉尺，2 人读数，1 人指挥兼读温度和记录。测量时拉伸钢尺置于相邻两木桩顶上（或水泥钉中心），并使钢尺有刻划线一侧贴近十字线（或水泥钉中心）。后尺手将弹簧秤挂在尺的零端，施以 100N 的标准拉力，钢尺拉紧后，前尺手以尺上某一整分划对准十字线交点，并发出读数口令“预备”，后尺手回答“好”。在喊“好”的同一瞬间，两端的读尺员同时根据十字线交点读取读数，估读到 0.5mm 并记入手簿。每尺段要移动钢尺在不同的位置测量三次，三次测得的结果按差视的不同要求而定，一般不得超过 3mm，否则要重测。如在限差内，则取三次结果的平均值作为此尺段的观测结果。每量一尺段都要读记温度一次，估读到 0.5℃。

按上述由直线起点测量到终点为往测，往测完毕后立即按上述方法进行返测，注意返测需重新进行定线，每条直线所需测量的次数视量距的精度要求而定。

第三要测量桩顶高程。用水准测量的方法测出各桩顶（或水泥钉）的高程，以便改算到水平距离上。水准测量宜在量距前或量距后往返观测一次，以供检核。相邻两桩顶（或水泥钉）往返所测高差之差不得超过±10mm，如在限差之内，取其平均值作为观测结果，否则重测。

第四要进行尺段长度的计算。钢尺量距时，由于钢尺本身长度有误差以及受外界条件等的影响，故需要进行以下项改正才能保证测量精度，即进行尺长改正。钢尺的名义长度 l_0 一般和实际长度 l' 不相等，每量一段都会有误差，需进行改正。在标准拉力、标准温度下检定实际长度 l' 时，它与名义长度 l_0 之间的差值 Δl 称为整尺段的尺长改正数，即

$$\Delta l = l' - l_0 \tag{1-16}$$

任一尺段 l 的尺长改正数 Δl_d 为

$$\Delta l_d = \frac{l' - l_0}{l_0} l \tag{1-17}$$

②钢尺检定。

首先要确定尺长方程式。由于钢尺的制造误差，经常使用引起的变形以及测量时温度和拉力不同的影响，使得其实际长度往往不等于名义长度。因此，测量之前必须对钢尺进行检定，求出它在标准拉力和标准温度下的实际长度，以便对测量结果加以改正。钢尺检定后，应给出尺长随温度变化而变化的函数式，通常称为尺长方程式，其一般形式为

$$l_t = l_0 + \Delta l + \alpha l_0 (t - t_0) \tag{1-18}$$

式中 l_t——钢尺在温度 t 时的实际长度；

l_0——钢尺名义长度；

Δl——尺长改正数；

α——钢尺的线胀系数；

t_0——钢尺检定时的温度；

t——钢尺量距时的温度。

其次是确定钢尺检定的方法。钢尺应送专门的计量单位进行检定。钢尺检定室应是恒温室，一般用平台法检定。将钢尺放在 30m 或 50m 的水泥平台上，平台两端安装有施加拉力的拉力架。给钢尺施加标准拉力（100N），然后用标准尺量测被检测钢尺，得到在标准温度、标准拉力下的实际长度，最后给出尺长方程式。

在精度要求不高时，可用检定过的钢尺作为标准尺来检定其他钢尺。检定宜在室内水泥地面上进行，在地面上贴两张绘有十字标志的图纸，使其间距约为一整尺长（30m 或 50m）。用标准尺施加标准拉力测量这两个标志之间的距离，并修正端点位置，使该距离等于标准尺的长度。然后再将被检定的钢尺施加标准拉力测量两标志间的距离，取多次测量结果的平均值作为被检定钢尺的实际长度，从而求得尺长方程式。

3. 钢尺量距的误差分析

影响钢尺量距精度的因素很多，主要有定线误差、尺长误差、温度误差、拉力误差、尺子不水平误差、钢尺垂曲和反曲误差和其他误差等，现择其主要者讨论如下。

（1）定线误差。如图 1-24 所示，在量距时由于钢尺没有准确地安放在待量的直线方向上，造成量距结果偏大，由此而引起的尺段 l 的量距误差 $\Delta\varepsilon$ 为

$$\Delta\varepsilon = \sqrt{l^2 - (2\varepsilon)^2} - l = -\frac{2\varepsilon^2}{l} \tag{1-19}$$

式中　ε——定线误差。

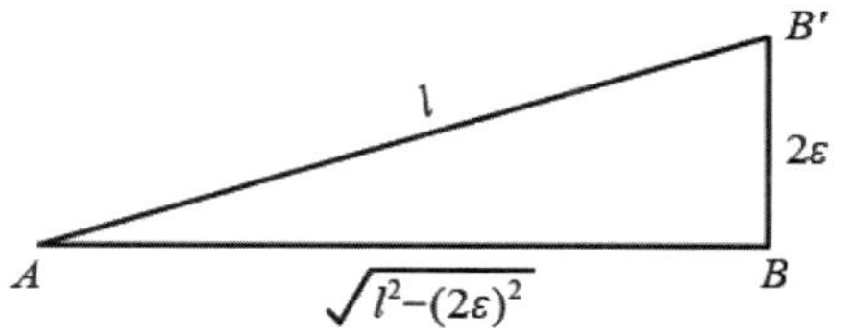

图 1-24　直线定线误差

当 $l=30\text{m}$ 时，若要求 $-3\text{mm} \leqslant \Delta\varepsilon \leqslant 3\text{mm}$，则应使定线误差 $\varepsilon \leqslant 0.21\text{m}$，这时可采用目视定线。精密量距时用经纬仪定线，可使 ε 值和 $\Delta\varepsilon$ 更小。设 ε 值为 2cm，则 $\Delta\varepsilon$ 仅为 0.03mm。

（2）尺长误差。钢尺必须经过检定以求得其尺长改正数。尺长误差具有系统积累性，它与所量距离成正比。精密量距时，钢尺虽经检定并在测量结果中进行了尺长改正，但成果中仍存在尺长误差，这是因为一般尺长检定方法只能达到±0.5mm 精度。一般量距时可不作尺长改正，当尺长改正数大于尺长时，应进行尺长改正。

（3）温度误差。根据钢尺温度改正公式 $\Delta l_t = \alpha(t - t_0)l$，对于 30m 的钢尺，温度变化 8℃，将会产生 1/10000 尺长的误差。用温度计测量温度时，测定的是空气的温度，而不是尺子本身的温度，在夏季阳光暴晒下，此两者温度之差可大于 5℃。因此，量距宜在阴天进行，并要设法测定钢尺本身的温度。

（4）拉力误差。钢尺具有弹性，会因受拉而伸长。量距时，如果拉力不等于标准拉力，钢尺的长度就会产生变化。拉力变化所产生的长度误差 Δp 可用下式计算，即

$$\Delta p = \frac{l\delta_p}{EA} \tag{1-20}$$

式中　l——钢尺长，设为 30m；

δ_p——拉力误差；

E——钢的弹性模量，通常取 $2\times10^7\text{N/cm}^2$；

A——钢尺的截面积。

设 A 为 0.04cm^2，则 $\Delta p = 0.038\delta_p\text{mm}$。欲满足 $-1\text{mm} \leqslant \Delta p \leqslant 1\text{mm}$，拉力误差不得超过 26N。精密量距时，用弹簧秤控制标准拉力，δ_p 很小，Δp 可忽略不计。一般量距时拉力要均匀，不要或大或小。

（5）尺子不水平误差。钢尺一般量距时，钢尺不水平，会使所量距离偏大。设钢尺长 30m，目估水平的误差约为 0.44m（倾角约 50′），由此而产生的量距误差为 $30 - \sqrt{30^2 - 0.44^2}(\text{m}) = 0.003\text{m}$。

精密量距时，测出尺段两端点的高差 h，进行倾斜改正。设测定高差的误差为 δ_h，则由此产生的距离误差 $\Delta h = \frac{h}{l}\delta_h$，欲使 $\Delta h \leqslant 1mm$，当 $l = 30m$，$h = 1m$ 时，δ_h 为 30mm，用普通水准测量的方法是容易达到的。

（6）钢尺垂曲和反曲误差。钢尺悬空测量时，中间下垂，称为垂曲。故在钢尺检定时，应按悬空与水平两种情况分别检定，得出相应的尺长方程式，再按实际情况进行结果整理，这项误差可以不计。在凹凸不平的地面量距时，凸起部分会使钢尺产生上凸现象，称为反曲。设在尺段中部凸起 0.5m，由此而产生的距离误差达 $30 - 2 \times \sqrt{15^2 - 0.5^2}(m) = 17mm$，这是不允许的，所以应将钢尺拉平测量。

（7）其他误差。其他误差包括钢尺刻划对点的误差、插测钎倾斜时的误差及钢尺读数误差等。这些误差是由人的感官能力受限而产生的，误差有正有负，在测量结果中可以互相抵消一部分，但仍是量距工作的一项主要误差来源。

综上所述，精密量距时，除经纬仪定线、用弹簧秤控制拉力外，还需进行尺长、温度的改正，改算到水平距离，而一般量距可不考虑上述各项改正。但当尺长改正数较大或测量时的温度与标准温度之差大于 8℃时，应进行单项改正，这是因为此类误差用一根尺往返测量发现不了。另外，尺子拉平不容易做到，测量时可以手持一悬挂垂球，抬高或降低尺子的一端，尺上读数最小的位置就是尺子水平时的位置，并用垂球进行投点及对点。

4. 钢尺量距的注意事项

（1）钢尺作为一种常见的测量工具，在各个领域的工作中都扮演着至关重要的角色。然而，在使用钢尺进行测量时，需要注意一些重要事项，以确保测量的准确性和可靠性。

①新购钢尺在使用前必须经过严格的检定程序，以确保其准确性。这一过程包括对钢尺的尺长进行精确的测量，并获得相应的尺长改正数。在新购钢尺进行检定时，需要通过专业的测量设备和程序，确保其尺长改正数的精准性，这一步骤至关重要，因为任何测量工作的准确性都取决于所使用的测量工具的准确性。通过经过严格检定的新购钢尺，我们可以在测量中消除尺长的误差，提高整体测量的准确度。一旦钢尺经过检定并获得准确的尺长改正数，接下来就是在测量过程中注意使用的方法。首先，确保钢尺表面清洁，避免尘埃或杂物影响测量结果。其次，在使用钢尺进行测量时，要确保其平放在被测物体表面，避免因倾斜或歪曲而产生误差。钢尺的端部应紧密贴附在被测物体的边缘，以确保测量的准确性。

②在进行测量时要注意避免外力的影响。外界的振动或压力都可能导致测量结果的偏差，因此在测量时要选择一个相对稳定的环境。此外，测量者在使用钢尺时要保持稳定的

姿势，避免因个体差异而引起的误差。

③在测量结束后，及时清理和存放钢尺也是至关重要的一环。保持钢尺的清洁和整洁有助于延长其使用寿命，并确保下次使用时仍然能够提供准确的测量结果。此外，定期对钢尺进行检查和校准，确保其始终保持良好状态。

（2）精密钢尺量距应使用经过检定的弹簧秤控制拉力。在进行精密测量时，确保准确度和可靠性很重要，尤其是在使用精密钢尺进行距离测量时。为了达到最佳的测量效果，应在测量过程中使用经过检定的弹簧秤来控制拉力。

①精密钢尺通常是一种灵敏的测量工具，其测量结果受到外界因素的影响较大。在进行测量时，通过弹簧秤控制拉力，可以有效地消除由于人为施加的不同力度而引起的测量误差。弹簧秤的特性在于其能够提供均匀的拉力，确保钢尺在测量过程中始终保持稳定的状态。

②经过检定的弹簧秤能够提供准确的力度信息，从而为精密测量提供可靠的基准。通过确保拉力的一致性，可以消除由于外部环境变化或测量者施加力度不一致而引起的测量误差。这对于需要高度准确性的领域，如实验室研究、工程设计等，尤为重要。

③在使用弹簧秤时，需要确保该秤具有合适的量程和灵敏度，以满足实际测量的需要。选择合适的弹簧秤可以确保拉力的精确控制，并避免因力度过大或过小而导致的不准确测量。此外，定期检定和校准弹簧秤也是保证其性能稳定的关键步骤。

在实际操作中，使用经过检定的弹簧秤控制拉力不仅有助于提高测量的准确性，还能够提高测量的可重复性。通过确保测量时施加的力度相对恒定，测量者能够获得更为稳定和可信赖的测量结果，从而增强数据的可信度。

（3）在进行量距操作时，天气状况和环境因素对测量结果的影响至关重要。为了确保测量的准确性和可靠性，建议在阴天、微风的天气条件下进行。这样的天气环境通常相对较为稳定，可以减少外部因素对测量的干扰，提高测量的精度。

在选择合适的天气条件进行量距时，阴天的特点是阳光辐射相对较弱，温度相对稳定，有助于减少因阳光照射而引起的温度波动。在微风情况下，空气相对平静，可以降低空气流动对测量的影响，保持测量环境的相对恒定性。此外，为了更加准确地掌握测量时的环境温度，建议采用半导体温度计直接测定钢尺本身的温度。与传统的空气温度测量相比，直接测定钢尺表面温度能够更精确地反映测量工具的实际温度，可以避免由于测量工具与环境温度存在差异而引起的误差。

半导体温度计具有快速响应、高灵敏度和较小的测量误差等优点，适用于对温度要求较高的测量场合。通过使用半导体温度计，我们能够更好地了解钢尺在测量过程中的温度变化，从而进行相应的校正，确保测量结果的准确性。

（4）为控制平距改正误差，精密量距时应限制每一尺段的高差（<1m）或直接利用勾股定理进行改正。

（5）在测量时采用垂球投点，对点读数时应尽量做到配合协调。

（6）采用悬空方式检定钢尺或进行垂曲改正。

（7）虽然钢尺量距的原理简单，但在操作上容易出错。为了避免出错要做到三清：零点看清——要分清所用钢尺是刻划尺还是端点尺；读数认清——尺上读数要认清 m、dm、cm 的注字和 mm 的分划线；尺段记清——尺段较多时，容易发生少记一个尺段的错误。

（8）钢尺容易损坏，为维护钢尺，应做到四不：不扭，不折，不压，不拖。用毕擦净后才可卷入尺盒内。

（9）钢尺拉出或卷入时不宜过快，不得握住尺盒来拉紧钢尺。

（10）钢尺量距时不宜全部拉出，因尺末端连接处不牢固，量距时不宜受力。

（二）视距测量

视距测量是用望远镜内视距丝装置，根据几何光学原理同时测定水平距离和高差的一种方法，这种方法具有操作方便、速度快、不受地面高低起伏限制等优点。虽然精度较低，但能满足测定碎部点位置的精度要求，因此被广泛应用于碎部测量中。视距测量所用的仪器工具是经纬仪和水准尺。

1. 视距测量的基本原理

土木工程中，视距测量是一项重要的测量工作，它通常用于确定两点之间的水平距离，尤其是在设计和建造道路、桥梁等工程项目时。视距测量的基本原理涉及光学、地理学和测量学等多个领域，其准确性对工程项目的质量和安全至关重要。

（1）视距测量的基本原理之一是利用光学原理。在这一过程中，测量者常常使用光学仪器，如经纬仪或全站仪，通过观察目标点来确定两点之间的视距。这个过程涉及观察者站在一个点上，通过光学仪器准确地对准另一点，然后测量两点之间的视距。光学测距的关键在于仪器的精确度，这直接影响到测量结果的准确性。经纬仪和全站仪等高精度仪器广泛用于土木工程中的视距测量任务。这些仪器通过精密的光学系统能够实现对目标点的高精度观测，为工程测量提供了可靠的数据基础。

观测者在测量中的角度和位置调整很重要。视距测量需要确保观测者在一个点上对准目标点，并保持视线的准确定位。这通常需要使用支架或三脚架等辅助工具，以保证仪器的稳定性，从而避免由于观测者的不准确定位而引起的测量误差。然而，光学测量也受外部环境的影响。大气折射是一个需要考虑的因素，尤其是在长距离测量中，大气折射会导致光线在传播过程中发生弯曲，从而引起测量误差。为了弥补这一影响，测量者需要进行相应的修正，以确保最终的视距测量结果准确可靠。此外，气候条件也会对光学测量产生影响。例如，雨雪、雾霾等恶劣天气可能导致光线散射或吸收，从而影响仪器的观测效果。在不利的天气条件下，测量者需要采取相应的措施，可能需要推迟测量或者采用更先进的技术手段来克服这些困难。

（2）地理学的知识在视距测量中也发挥着关键作用。地球作为一个近似球体，其曲率和地表的起伏对两点之间的视距产生直接影响，因此在测量中必须进行相应的修正，以确保数据的准确性和可靠性。在长距离的视距测量中，地球曲率是一个不可忽视的因素。地球曲率导致远距离处的两点之间并非直线视距，而是一条弯曲的路径。为了弥补这一影响，测量者需要考虑到地球的曲率，并采取相应的措施进行修正。一种常见的修正方式是进行高程调整。这意味着在测量过程中，测量者需要考虑地表的高程变化，并据此调整测量数据。通过在测量数据中引入高程调整因子，可以更准确地校正因地球曲率引起的视距误差。这种高程调整在长距离测量中特别关键，因为地球的曲率效应在这些情况下更为显著。

另外，在进行地球曲率修正时，测量者需要准确地了解测量线路上的地形和高程变化情况。这可能需要使用地形图、数字高程模型等地理信息工具，以获取测量线路上各点的高程信息。通过这些数据，测量者可以制定出合适的高程调整策略，充分考虑到地球曲率对测量结果的影响。除了高程调整，可能还需要考虑其他修正因素，例如，大气折射的影响。在不同的地理和气象条件下，大气折射会导致光线的弯曲，进而影响到视距测量的准确性。因此，在长距离测量中，需要综合考虑地球曲率、大气折射等多个因素，以获得可信赖的视距测量结果。

（3）测量学的方法在视距测量中扮演着至关重要的角色，决定了最终测量结果的准确性和可靠性。测量者在进行视距测量时，必须运用适当的测量方法和技术，如三角法和水准法，以确保数据的精度和可信度，来实现对两点之间的视距的准确测量。

三角法是一种常用的测量方法，特别适用于视距测量。通过在观测点处测量两个与目标点相关的角度，以及两个与目标点相关的边长，可以利用三角法计算出两点之间的距离。这种方法在实际测量中具有较高的灵活性和适用性，尤其在无法直接测量的情况下，如在复杂地形或建筑物遮挡的情况下。

水准法是另一种常见的测量方法，它通常用于确定两点之间的垂直距离。在视距测量中，水准法可以帮助测量者纠正地面的高程差异，从而更精确地计算出两点之间的视距，这种方法在需要考虑地球曲率的情况下尤为有用，可以通过水准线的设定来消除高程差异引起的误差。

此外，对测量仪器的校准和精确度要求也是不可忽视的因素。测量仪器的准确性直接影响到测量结果的可靠性。在进行视距测量之前，测量者必须对使用的仪器进行精确的校准，以确保仪器的测量误差最小化。这可能涉及对仪器的光学系统、角度测量装置等方面的检查和调整。

在实际的土木工程项目中，视距测量经常用于确定工程设计中各种要素的位置和相互关系。例如，在道路设计中，测量者可以利用视距测量来确定两个桥墩之间的距离，以确保桥梁结构的稳固性。此外，在城市规划中，视距测量也可以用于确定建筑物之间的间距，以保证城市的整体布局和美观性。

2. 视距测量的方法步骤

视距测量是一种用于确定两点之间水平距离的测量方法，常用于土木工程和其他领域。其方法步骤涉及使用光学仪器和测量学原理，以确保测量结果的准确性和可靠性。

（1）测量者需要选择适当的光学仪器，如全站仪或经纬仪。这些仪器能够提供高精度的测量，通常包括望远镜、角度测量仪以及距离测量装置。选择合适的仪器对于确保视距测量的准确性至关重要。

（2）在选择仪器后，测量者需要确定观测点和目标点。观测点一般是测量者所站的位置，而目标点则是测量者希望测量的另一点。确定观测点和目标点需要综合考虑实际测量现场的地形、环境和可能的障碍物。

①测量者需要确保观测点的选择是合适的，以便从该位置清晰地可见目标点。观测点的选择可能受到地形起伏、建筑物、树木等因素的影响，因此需要在选择观测点时综合考虑这些因素。有时，为了避开障碍物，可能需要选择一个相对较高的位置，以确保视线能够越过地面上的障碍物。

②目标点的选择也至关重要。目标点应该是测量者关心的地理位置，可能是另一个观测点、桥梁、建筑物或其他工程结构。在选择目标点时，需要考虑其地理重要性以及测量的目的。此外，确保目标点在观测者所站位置的可见范围内，以便通过光学仪器进行准确观测。在实际测量中，有时会遇到观测点和目标点之间存在遮挡的情况。这可能导致视线被阻挡，使得无法直接测量两点之间的视距。为解决这个问题，测量者可能需要选择一个更高的观测点，或者通过调整观测位置来避开遮挡物。在一些情况下，还可以考虑使用反射器等辅助设备，以便更好地定位目标点。

（3）在观测点使用仪器对准目标点的步骤中，测量者致力于确保仪器的视线精准地与目标点相切。这一操作通常包括对望远镜进行水平和垂直方向的微调，以确保其准确地对准目标点。在这个过程中，观测者需要保持仪器的稳定，以避免出现观测误差，这可以通过使用支架或三脚架等辅助工具来实现。在调整仪器的过程中，观测者追求的是使其光学系统完美地对准目标，以确保后续的角度和距离测量能够精确地反映两点之间的实际视距。这一步骤的准确性和细致性对整个视距测量过程至关重要，因为它直接影响到最终测量结果的精确性和可靠性。

（4）当仪器对准目标点后，测量者便可以利用仪器上的角度测量设备进行水平角度的测量。这一过程包括记录从观测点到目标点的水平方向的角度信息。与此同时，一些先进的仪器还能够通过激光或电磁波等方式实现两点之间水平距离的测量。望远镜准确对准目标点后，测量者就可以使用仪器上的角度测量系统，通过准确地读取或记录水平方向的角度信息，获取两点之间的水平角度。这个角度是后续计算水平距离所必需的基础数据，因为在视距测量中，水平角度与水平距离之间有密切关系。此外，一些采用激光或电磁波等现代技术的先进测量设备，可以实现更直接的水平距离测量。通过发射激光或电磁波束，这些仪器可以测量信号的传播时间或相位变化，从而计算出两点之间的准确水平距离。这种方式通常更为直接和高效，有助于提高整体测量的精确性。这一步骤的完成标志着视距测量中关键数据的获取，即水平角度和水平距离。这两个数据将在后续的计算中被综合运用，以得出最终的视距测量结果。因此，在这一阶段，测量者需要确保仪器的精度和准确性，并准确记录测量值，以保障后续数据处理的可靠性。

（5）在进行长距离测量时，需要考虑地球曲率和大气折射等因素，这些因素可能会对测量结果产生影响。因此，在测量过程中，需要采取一些必要措施来进行地球曲率的修正，并考虑大气折射的影响，以确保最终测量结果的准确性。由于地球并非平面而呈球状，其曲率会导致远距离处两点之间的直线视距并非实际距离。在长距离的测量中，地球曲率效应变得更为显著，因此必须进行相应的修正。这可能涉及在测量过程中进行地球曲率的计算，并将其纳入测量结果的调整中，以获得更准确的水平距离数据。

另外，大气折射是另一个需要考虑的因素。大气折射会导致光线在传播过程中发生弯曲，从而影响到测量的准确性。在长距离的测量中，大气折射效应可能变得明显，因此需要对其进行修正。这可以通过使用气象数据和大气折射模型来进行计算，以纠正由大气折射引起的视距误差。这些修正措施是为了确保测量结果能够真实地反映出两点之间的实际距离，从而提高测量的准确性和可靠性。在实际操作中，测量者需要具备对地球曲率和大气折射的理解，在数据处理中谨慎考虑这些因素，以便获得更为精确的视距测量结果。

（6）为确保测量结果的可靠性，测量者必须对使用的仪器进行精准的校准，并仔细记录测量时的环境条件，如温度、湿度等。这些数据会在后续的数据处理和分析阶段产生重要影响，有助于提高测量结果的准确性。

仪器的校准是确保测量准确性的重要步骤。测量者需要经常检查和调整仪器，以保证其输出的数据与实际测量值一致，这可能涉及对仪器的光学系统、角度测量装置等各个方面的检查和调整。通过定期的校准，可以最大程度减小仪器误差，确保测量的可信度。同时，记录环境条件也是保证测量可靠性的关键。温度和湿度等环境因素可能会对仪器的性能和测量结果产生影响。通过记录这些环境条件，测量者能够在数据分析过程中考虑到这些影响因素，从而更精确地进行数据的处理和校正。这些数据除了在实时测量中起到关键作用外，还会在后续的数据处理中发挥重要作用。在分析测量数据时，测量者可以根据记录的环境条件进行相应的修正，以消除由于温度、湿度等因素引起的潜在误差。这种细致的数据处理有助于提高测量结果的精确性和可靠性。

3. 视距测量的误差分析

（1）水准尺分划误差。水准尺分划误差若系统性增大或减小，则会使视距测量产生系统性误差。这个误差在仪器常数检测时将会反映在视距乘常数 K 上。若水准尺分划误差是偶然误差，则对视距测量的影响是偶然性的。水准尺分划误差一般为±0.5mm，引起的距离误差为 $m_{\mathrm{d}} = K(\sqrt{2} \times 0.5) = 0.071\mathrm{m}$ 。

（2）视距乘常数 K 不准确的误差。一般视距乘常数 $K=100$，但由于视距丝间隔有误差，水准尺有系统性误差，仪器检定有误差，所以 K 值不为 100。K 值误差使视距测量产生系统误差。K 值应为（100±0.1），否则应加以改正。

（3）竖直角测量误差。竖直角测量误差对视距测量有影响。根据视距测量公式，其影响为 $m_{\mathrm{d}} = Kl\sin2\alpha\dfrac{m_\alpha}{\rho}$ ，若 $\alpha = 45°$，$m_\alpha = \pm10''$，$Kl = 100\mathrm{m}$，则可知 $m_{\mathrm{d}} \approx \pm5\mathrm{mm}$，由此可见竖直角测量误差对视距测量影响较小。

（4）视距丝读数误差。视距丝读数误差是影响视距测量精度的重要因素，这一误差与视距的远近成正比，即距离越远，误差就越大。因此，在视距测量中，需要根据测量精度的要求限制最远视距，以减小视距丝读数误差对测量结果的影响。

在实际测量中，视距丝是用于测量视距的仪器的一部分，其读数准确性直接关系到测量的精度。随着视距的增加，视距丝的读数误差逐渐累积，从而导致整体测量的误差增大。因此，为了保证测量结果的可靠性，需要在设计测量任务时合理选择视距范围，以避免因距离过远而引起的大量误差。

测量精度的要求通常会根据具体的工程需求而定。在一些对测量结果要求较高的工程项目中，可能需要限制最远视距，以确保视距丝读数误差在可接受的范围内。这种限制可以通过选择合适的测量仪器、优化测量方法以及考虑环境因素等方式来实现。

总体而言，了解并控制视距丝读数误差是视距测量中的关键任务之一。通过谨慎地选择测量范围、使用高精度的测量仪器以及根据具体需求进行合理的误差控制，可以有效地减小视距丝读数误差对测量结果的影响，提高视距测量的准确性。

（5）外界气象条件对视距测量的影响主要有以下几项。

①大气折光的影响。大气折光是视距测量中一个重要的影响因素。当光线穿过大气时，大气层的密度变化引起光线的折射，使得光线的光程从直线变为曲线，从而产生一定的误差。

在实际测量中，大气折射会导致视距的实际路径与直线视距之间存在差异。这种差异会随着视线的高度、大气层的密度变化以及光线穿过的距离而变化。为了使这种误差最小化，规定视线应高出地面 1m 以上，以减小大气折光引起的影响。通过将观测点设置在较高的位置，可以减缓大气折光造成的误差。这种高出地面的规定有助于使视线在大气中的折射路径更接近直线，从而提高视距测量的准确性。在实际操作中，测量者通常会使用支架或三脚架等辅助工具，确保视线能够达到规定的高度，以满足测量的要求。

②大气湍流的影响。空气中的湍流会导致视距成像不稳定，进而引发视距误差。特别是当视线接近地面或水面时，湍流的影响更为显著，因此规定视线在测量中应高出地面 1m 以上，以减小湍流带来的影响。湍流导致视距不稳定的主要原因是空气流动的不规则性，这使得光线在传播过程中发生扭曲。通过将视线设置在较高的位置，可以减轻湍流对视距测量的影响，提高测量的稳定性和准确性。

除了大气湍流，风力和大气能见度也会对视距测量产生影响。风力过大时，尤其是在测量过程中，可能导致测量设备的抖动，从而引起读数误差。此外，空气中的灰尘和水汽会使水准尺成像不清晰，进而影响测量的准确性。因此，应尽量选择天气良好的条件下进行视距测量，以减小这些外部因素对测量结果的影响。

4. 视距测量的注意事项

（1）观测高度高出地面 1m 以上：为了减少垂直折光的影响，观测时应尽可能使观测高度高出地面 1m 以上。这有助于降低大气折射引起的误差，尤其在视线较靠近地面的情况下，这一要求更为重要。

（2）垂直视线和水准尺的使用：在实际作业中，应将视线保持垂直，使用带有水准器的水准尺有助于确保视线的垂直性。垂直的视线有助于减小湍流的影响，提高成像的稳定性。

（3）选择适当的水准尺：使用木尺或双面尺作为水准尺通常是最佳选择。如果使用塔尺，要特别检查各节尺的结头是否准确，以确保测量的精确性。

（4）成像稳定：进行观测时，要确保成像是稳定的。任何形式的抖动或波动都可能导致误差。使用稳定的支架、固定观测仪器等方式有助于维持成像的稳定性。

（5）严格测定视距乘常数：视距乘常数 K 的准确性直接关系到测量结果的精确性。K 应为 100±0.1，否则需要进行修正。对视距乘常数的严格测定可以通过定期的校准和检查来保证。

（6）选择有利的观测时间：在进行视距测量时，避免在风力较大、大气浑浊或其他不利天气条件下进行观测，以确保测量的准确性和可重复性。

通过严格遵循这些注意事项，视距测量者可以最大程度地减少误差来源，提高测量的精确性和可靠性。这些步骤有助于确保视距测量在各种操作条件下都能取得准确而可信的结果。

（三）电磁波测距

钢尺量距是一项十分繁重的工作，尤其在山区或沼泽地区使用钢尺更为困难，而视距测量精度又较低。为了提高测距速度和精度，科技人员开发出了光电测距仪。20 世纪 60 年代以来，随着激光技术、电子技术的飞跃发展，光电测距方法得到了广泛的应用，它具有测程远、精度高、作业速度快等优点。

电磁波测距（简称 EDM）是以电磁波（光波或微波）作为载波传输测距信号以测量两点间距离的一种方法。电磁波测距仪按其所采用的载波可分为：①用微波段的无线电波作为载波的微波测距仪；②用激光作为载波的激光测距仪；③用红外光作为载波的红外测距仪。后两者又统称为光电测距仪。

微波和激光测距仪多用于远程测距，测程可达 60km，一般可用于大地测量，而红外测距仪属于中、短程测距仪（测程在 15km 以下），一般用于小范围地区控制测量、地形测量、地籍测量和工程测量等。

在使用光电测距仪时，为确保设备的正常运行和延长其使用寿命，主要有以下注意事项。

1. 避免指向太阳

切忌将照准头直接指向太阳，以免对光电器件造成损害。太阳强烈的光线含有大量光能，可能对仪器内部的光电元件产生不利影响，损害其灵敏度和性能。在使用光电测距仪的过程中，需采取防护措施以避免不必要的光照引起的问题。保持设备在安全操作的范围内，并严格遵循仪器的使用说明，是确保光电测距仪长时间、高效运行的重要手段。通过谨慎使用和维护，可以保护光电器件，确保仪器的可靠性和稳定性，提高测量的准确性。

2. 选择稳定的大气条件下使用

仪器应在大气比较稳定且通视良好的条件下使用。气象条件的不稳定性可能影响光的传播和测量的准确性。

3. 防晒、防雨、保持清洁和干燥

避免仪器长时间地暴露在阳光下，可通过撑伞等方式进行遮阳。同时，保持仪器的清洁和干燥，避免雨淋，这有助于维护其性能。在运输过程中要特别注意防震，以防止设备受到损坏。

4. 电池的保养

当不使用光电测距仪时，建议将电池取出妥善保管。这样有助于防止电池长时间放置而自行放电，提高电池的寿命。每月进行电池的充放电操作，以维持电池的性能。这个周期性的充放电过程可防止电池因长时间未使用而产生记忆效应，保持其电荷存储能力。同时，定期进行仪器操作可以确保仪器的各个部件得到正常运转，防止因长时间闲置而导致的器件堵塞或生锈等问题。通过这些维护措施，可以使仪器随时处于良好的运行状态，确保其在需要时能够快速、准确地进行测距操作。

5. 避免反光物体和电磁场干扰

在使用中，要注意避免测线两侧和镜站背景有反光物体，以防止杂乱信号进入接收系统产生干扰。此外，主机和测线要远离高压线、变压器等强电磁场干扰源，以确保测量的准确性。

6. 保持净空高度和避开热源

为确保测距仪的准确性和稳定性，必须保持测线在使用过程中有一定的净空高度，并避开潜在的热源。保持净空高度是为了确保测量过程稳定运行的重要因素。测线在测量范围内应该有足够的空间，以避免任何可能影响测距仪操作的物体或障碍物。特别是在测量的上空，应确保附近没有发热体或其他可能干扰光线传播的物体。

避开热源同样是关键的，因为热源可能会引起空气的不均匀流动，从而影响光的传播路径。热源的存在可能导致空气湍流，从而使测距仪在测量过程中受到干扰。因此，在选择测量位置时，要避免选择过于靠近可能产生高温的区域，以确保测量结果的可靠性和准确性。

二、全站仪

全站仪是“‘全站型电子速测仪’的简称，它是一种可同时进行角度测量、距离测量和数据处理的电子测量仪器”①。全站仪是由电子测角、电子测距、电子计算和数据存储单元等组成的三维坐标测量系统。它能自动完成角度、距离、高差的测量和高程、坐标、方位角的计算工作；能将测量数据和结果自动存储、自动显示，并能与外围设备交换信息；能较完善地实现测量和处理过程的电子化和一体化，现已广泛地应用在各种测量中。

（一）全站仪的组成

全站仪主要由电子测角系统、电子测距系统、控制系统和电源装置等部分组成。

1. 电子测角系统

电子测角系统是一种先进的测量设备，它通过使用电子技术完成水平角和竖直角的测量，这一系统包含精密的角度测量仪器和电子传感器，通过先进的电子信号处理技术，能够高精度测量水平方向和垂直方向的角度。在水平角度的测量中，电子测角系统通过激光、电磁波或其他测角技术，实现对测量目标水平方向的精确定位。同时，在竖直角的测量中，系统可以通过倾斜传感器等技术，准确地测量目标相对于地面的垂直倾角。这种电子测角系统的优势在于其高度自动化和数字化，能够提供实时的角度测量数据，并通过数字显示或输出端口将测量结果直观地呈现给用户。这样的系统通常具有较高的测量精度和稳定性，适用于需要高精度角度信息的工程测量、地理测绘等领域。通过电子测角系统，角度测量的过程更为便捷、准确，为各种工程应用提供了可靠的测量基础。

2. 电子测距系统

全站仪是一种高度精密的测量仪器，其电子测距系统负责完成仪器和目标之间的斜距测量。这一系统结合了电子、光学和计算机技术，能够实时、精确地测量测站到目标之间的斜距，为土地测量、建筑工程和地理信息等领域提供了强大的测量能力。电子测距系统通常利用全站仪上搭载的激光或电磁波发射器向目标发射信号。目标表面反射信号，全站仪接收并记录反射信号的时间，利用光速或电磁波传播速度的已知值计算出仪器到目标之间的斜距。这一过程在电子元件和计算机的协同作用下实现，保证了高精度和高效率的测量。电子测距系统的优势在于其能够应对各种测量环境和距离要求，同时提供数字化的数据输出。全站仪的测距系统不仅能够测量水平距离，还能准确地计算斜距，这使其在现代

① 王权．全站仪系统误差分析及检定方法探讨［J］．甘肃科技，2022，38（6）：19.

测量工程中得到广泛应用。通过电子测距系统，全站仪实现了更为便捷、精确的测量，为各类工程测绘任务提供了可靠的技术支持。

3. 控制系统

全站仪的控制系统承担了测量全过程的关键任务，包括控制测量过程、实时数据采集、误差补偿、高效数据计算、安全数据存储以及可靠的通信传输等功能。这个系统整合了先进的电子、计算机和通信技术，确保测量任务的准确性和可靠性。通过自动化的控制和数据处理，全站仪控制系统不仅提高了测量效率，还为用户提供了实时、精准的测量数据，满足了各种工程和测绘领域对高精度测量的需求。

4. 电源装置

全站仪的电源装置是为各系统提供稳定可靠的能源。这一关键装置确保了全站仪在测量任务中持续高效运行。电源装置采用先进的电池或充电系统，以确保在不同工作环境下能够提供足够的电能。全站仪的各项功能，包括测距系统、控制系统和数据处理系统等，都依赖于可靠的电源供应，以保证测量的稳定性和准确性。电源装置的设计考虑了设备的便携性和使用寿命，为用户提供了便捷而可靠的电能支持。

（二）全站仪的操作

1. 仪器的安置

全站仪仪器安置是一项关键的操作，涉及对仪器的准确对中与整平。这个过程与传统的光学仪器相似，其中光学对中器和激光对中器是最重要的组成部分。在这方面，TPS700的设计尤为贴心，提供了激光对中器，使操作更加简便。光学对中器的使用对测量人员有一定技术要求，而激光对中器则为测量人员提供了更直观的参考。

整平仪器在仪器安置过程中起到了重要作用，其中双轴补偿器是其关键组件。整平后，气泡可能略有偏离，但不会对观测产生实质性的影响。这种精巧的设计保证了测量的准确性，即使在不完全水平的情况下，仍能保持高度可靠的测量结果。

总体而言，全站仪仪器安置过程中使用的光学对中器和激光对中器以及整平仪器的双轴补偿器，共同确保了全站仪在测量任务中的高度准确性和可靠性。

2. 开机与设置

开机后仪器进行自检，自检通过后，显示主菜单。测量工作中的相关设置，除出厂设置外，主要包括以下内容。

（1）各种测量单位与小数点位数的设置，包括距离单位、角度单位及气象参数单位等。

（2）指标差与视准差的存储。

（3）测距仪常数的设置，包括加常数、乘常数以及棱镜常数等的设置。

（4）标题信息、测站标题信息、观测信息。根据实际测量作业的需要，如导线测量、交点放线、中线测量、断面测量、地形测量等不同作业建立相应的电子记录文件。标题信息内容包括测量信息、操作员、技术员，操作日期、仪器型号等。测站标题信息包括仪器安置好后，应在气压或温度输入模式下设置当时的气压和温度；在输入测站点号后，可直接用数字键输入测站点的坐标，或者从存储卡中的数据文件直接调用；按相关键可对全站仪的水平角置零或输入一个已知值。观测信息内容包括附注、点号、反射镜高、水平角、竖直角、平距、高差等。

3. 角度距离坐标的测量

在标准测量状态下，角度测量模式、斜距测量模式、平距测量模式、坐标测量模式之间可互相切换。全站仪精确照准目标后，通过不同测量模式之间的切换可得到所需要的观测值。

全站仪备有操作手册，要全面掌握它的功能和使用，使其先进性得到充分的发挥，应先详细阅读操作手册。

（三）全站仪的注意事项

1. 仪器必须装箱运输，避免受到剧烈振动

在全站仪器的使用和维护过程中，装箱运输是至关重要的步骤之一，目的在于有效地防止仪器受到剧烈振动的影响。精密的测量仪器对于外部环境的振动极为敏感，不当的振动可能导致内部精密零部件的错位或损坏，进而影响仪器的准确性和性能。因此，在装箱过程中，需采用合适的缓冲材料，如泡沫填充或气囊，以有效地吸收外部的冲击力，并确保全站仪在运输过程中保持相对静止状态。这项措施有助于维护仪器的稳定性和可靠性，确保在使用时能够提供高精度和可靠的测量数据。

2. 仪器不宜受潮和在强磁场环境下作业，以免影响精度

全站仪在使用中需要避免受潮和在强磁场内作业，以确保其测量的准确性和可靠性。首先，潮湿的环境可能导致仪器内部电子元件和光学部件受潮，从而影响其性能。湿气可能引起电路短路、腐蚀或其他损坏，对仪器的长期稳定运行造成潜在威胁。其次，在强磁场内作业可能干扰仪器内部的磁敏感元件，导致测量误差。因此，使用者在选择工作场地

时应避免潮湿环境，并远离可能产生强磁场的设备，以确保全站仪在各种环境中都能提供精确可靠的测量结果。这样的谨慎操作有助于维护全站仪的稳定性，确保其在各种工作条件下都能够达到预期的测量精度。

3. 放置温度在−40~70℃的干燥环境中

这一环境要求旨在确保仪器在存储期间免受极端温度和潮湿的影响。温度过低可能导致仪器零部件在低温下变脆，从而影响仪器的强度和耐久性。同时，限定在70℃的最高温度可避免仪器受到过度热量的影响，防止内部元件的损坏或性能退化。存储时的干燥环境则有助于防止潮气对仪器的腐蚀或电子元件的受潮。通过在指定的温度和湿度范围内妥善存放全站仪，可以确保其在下次使用时保持最佳状态，提供高精度、可靠的测量性能。

4. 保持目镜和物镜的清洁

为确保全站仪的准确性和可靠性，使用者应定期保持其目镜和物镜的清洁。清洁这些光学元件有助于防止灰尘、污垢或水滴影响测量光路，从而保持清晰的视野。使用专用的清洁工具和柔软的清洁布，轻柔地擦拭这些镜头表面，避免划伤或损坏。保持目镜和物镜的清洁状态不仅有助于提高仪器的测量精度，会延长全站仪的使用寿命。

5. 充电器不能在潮湿环境中使用

为确保全站仪正常充电和安全运行，充电器不应在潮湿环境中使用。潮湿的气候可能导致电器元件受潮，增加短路和其他电气问题的风险。在湿润环境中使用充电器还可能导致电器设备的损坏，进而影响充电效果。因此，用户应将充电器放置在干燥的环境中，远离水源，以确保充电器的性能和安全性，保障全站仪的可靠供电。

6. 雷雨天气不能进行野外测量，否则可能遭受雷击

雷雨天气下，全站仪应避免进行野外测量，以防遭受雷击。雷电可能对仪器的电子元件产生不可逆的损害，影响其性能和精度。雷雨天气下的测量环境存在潜在的安全风险，因此建议在恶劣天气条件下暂停测量工作。这一措施不仅有助于维护仪器的稳定性，还确保了操作人员的安全。

7. 望远镜不能对准太阳，否则严重时可致操作人员双目失明

太阳的强光可能对望远镜的光学元件产生损害，也会造成眼睛受到强烈光线的伤害。在使用全站仪时，务必避免将其直接对准太阳，以确保安全操作和维护仪器的光学部件。采取谨慎的操作措施有助于保护使用者的视力和确保全站仪的长期可靠使用。

8. 操作人员不能离开仪器，随时注意周围环境，防止意外事故发生

在使用全站仪时，操作人员应始终保持密切关注周围环境，切勿离开仪器。这有助于

防止意外事故的发生，确保测量过程的安全性，提高工作效率。

9. 定期对仪器进行调试和检校

为确保全站仪始终保持准确可靠的测量性能，定期的调试和检校工作是不可或缺的，这包括对仪器的各个部件、传感器和测量系统进行细致的检查和调整。通过定期的检校，可以及时发现仪器可能存在的故障，并采取相应的措施进行修正，以保证其测量结果的准确性。调试工作则涉及到对仪器的软硬件系统进行更新和维护，以确保其在不同环境和任务中都能够稳定运行。这项工作由专业技术人员进行，通常需要遵循制造商提供的具体指导和标准程序。通过定期的调试和检校，可以延长全站仪的使用寿命，提高测量数据的可信度，为各类测绘和地理信息工作提供精确而可靠的支持。

10. 激光不能直接照射眼睛

激光具有强烈的光束，直接照射眼睛可能损害操作人员视网膜和眼球结构。在使用全站仪等激光设备时，务必采取必要的眼睛保护措施，如佩戴护目镜或避免直接注视激光光源。确保激光光束不误射到人眼，是维护使用者眼睛安全的基本步骤，也是正确使用激光设备的关键要点。

11. 电磁干扰可能会降低测量精度

在进行全站仪等测量工作时，周围环境中的电磁信号可能干扰仪器的传感器和测量系统，导致误差产生。为确保测量的准确性，建议在低电磁干扰的环境中进行测量，远离强电磁场区域。此外，使用时应遵循制造商提供的操作指南，采取适当的屏蔽和防护措施，以最大程度地减少电磁干扰对仪器性能的影响。

第二章　现代土木工程中的地形图及应用

第一节　地形图的基本知识

一、地形图比例尺

为了便于进行地图测量和地图使用，实际的地物和地貌需要按照一定的比例进行缩绘，以便在地图上表示。因此，每张地形图都是按照比例缩小的图，并且同一幅地图内的各个部分的比例是一致的。

地形图比例尺的定义：图上任意线段长度（d）与实地相应线段的水平长度（D）之比，用分子为 1 的整分数表示，即 $d/D=l/M$。M 称为比例尺分母。M 越大，比例尺越小。规定地形图使用的比例尺包括：1∶500，1∶1000，1∶2000，1∶5000，1∶10000，1∶25000，1∶50000。只有在特殊用途时，方可采用任意比例尺。

（一）比例尺精度

“地形图上所表示的地物、地貌细微部分与实地有所不同，其精确与详尽程度也受比例尺影响。”① 地形图的传统绘制方法是经过人眼用绘图工具将测量成果绘于图上。测量中有误差，人眼和绘图中亦有误差。人眼分辨角值为 60″，在明视距离（25cm 内）辨别两条平行线间距为 0.1mm，区别两个点的能力为 0.15mm。通常将 0.1mm 称为人眼分辨率。

地形图上 0.1mm 所表示的实地水平长度，称为地形图的比例尺精度。

由此可见，地形图的精度与其比例尺大小密切相关。大比例尺地形图上的地物和地貌描绘得更为精确和详尽，而小比例尺地形图则相对较为简略。

地形图的比例尺精度与量测关系包括：①根据地形图比例尺确定实地量测精度，如在 1∶500 地形图上测绘地物，量距精度只达到±5cm 即可；②可根据用图要求需表示地物、

---

① 王国军，张国辉，孙艳．土木工程测绘［M］．武汉：武汉理工大学出版社，2014：123.

地貌的详细程度，确定所选用地形图的比例尺，如要求能反映出量距精度为±10cm 的地图，应选 1：1000 地形图。同一测区范围的大比例尺测图比小比例尺测图更费工时。

（二）地形图的图幅与图号

1. 图幅

地图的量词为“幅”，一张地形图应称为一幅地形图。图幅指图的幅面大小，即一幅图所测绘地貌、地物范围。图幅形状有梯形和矩形两种，其确定图幅大小方法不同。

2. 图名、图号、接图表

地形图的图名，一般是用本幅图内最大的城镇、村庄、名胜古迹或突出的地物或地貌的名字来表示的，并且注写在图幅上方中央；在保管、使用地形图时，为使图纸有序存放和检索，要将地形图进行统一编号，此编号称为地形图图号。图号标注在图幅上方图名之下；接图表是本幅图与相邻图幅之间位置关系的示意图，供查找相邻图幅之用。接图表位置是在图幅左上方。

（三）地形图的图廓

图廓有内、外图廓之分，内图廓线就是测图边界线。内图廓之内绘有 10cm 间隔互相垂直交叉的短线，称为坐标格网。矩形图幅内图廓线也是公里格网线。梯形分幅图廓线为经纬线。因受子午线收敛角影响，经纬线方向与坐标网格方向不一致。故在 1：100000 及以下比例尺地形图图廓内既有公里格网又有经纬线，大于 1：50000 比例尺地形图上则不绘经纬线，其图廓点坐标用查表方法找出。外图廓线是一幅图最外边界线，以粗实线表示。有的地形图（如 1：10000，1：25000 图）在内外图廓线间尚有一条分图廓线。

在图纸的外图廓线之外，除了应包含接图表、图名、图号外，还必须明确标注测量所使用的平面坐标系、高程坐标系、比例尺、测绘方法、测绘日期以及测绘单位和人员等信息，这些信息的标注对于准确理解和使用该图纸具有重要意义，也是保证图纸准确性和完整性的必要条件。

二、地形图符号

地球表面的形状极为复杂。通常把形态比较固定的物体叫作地物，又按其成因不同分为人工地物和自然地物。人工地物包括房屋、道路、桥梁等；自然地物包括河流、矿泉、森林等。高低起伏的地面各种形态称为地貌，例如山峰、河谷、平原等。地物与地貌统称为地形。为了既真实又概括地表示这些地理现象，地形图是以一些特定的符号在图上表示的，这些符号就叫作地形图符号。

（一）地物符号

地物符号是表示地面上具有明显轮廓的自然和人工物体的符号。由于实际地物的大小、形状差别很大，因此，按测图比例尺缩小后，其图形大小差别也很大，有的能够在图上保持其相似图形，有的则无法显示。所以地形图上的地物符号根据使用要求和图上的显示能力不同分为下列几种。

1. 比例符号

有些地物的轮廓较大，如房屋、稻田和湖泊等，它们的形状和大小可以按测图比例尺缩小，并用规定的符号绘在图纸上，这种符号称为比例符号。

2. 非比例符号

有些地物，如三角点、水准点、独立树和里程碑等，轮廓较小，无法将其形状和大小按比例绘制，则不考虑其实际大小，而采用规定的符号表示，这种符号称为非比例符号。

非比例符号不仅其形状和大小不按比例绘制，而且符号的中心位置与该地物实地的中心位置之间的关系也因地物类型的不同而有所变化。

在测图和用图时应注意以下方面：①规则的几何图形符号（圆形、正方形、三角形等），以图形几何中心点为实地地物的中心位置；②底部为直角形的符号（独立树、路标等），以符号的直角顶点为实地地物的中心位置；③宽底符号（烟囱、岗亭等），以符号底部中心为实地地物的中心位置；④几种图形组合符号（路灯、消火栓等），以符号下方图形的几何中心为实地地物的中心位置；⑤下方无底线的符号（山洞、窑洞等），以符号下方两端点连线的中心为实地地物的中心位置。各种符号均按直立方向描绘，即与内图廓垂直。

3. 半比例符号

对于一些带状延伸地物（如道路、通信线、管道、垣栅等），其长度可按比例尺缩绘，而宽度无法按比例尺表示的符号称为半比例符号。这种符号的中心线，一般表示其实际地物的中心位置，但是城墙和垣栅等地物中心位置在其符号的底线上。

同一地物在不同比例尺图中可能有不同的表示方法。在绘制和使用地形图时要注意参照不同比例尺的《地形图图式》。

（二）地貌符号

地貌是指地表面的高低起伏状态，它包括山地、丘陵和平原等。在图上表示地貌的方法很多，而测量工作中通常用等高线表示，“等高线是地面上高程相同的相邻各点所连接而成的闭合曲线。”①

1. 等高线

等高线能够显示地貌的原理，例如，有一座山，假想从山底到山顶，按相等间隔把它一层层地水平切开后，呈现各种形状截口线。然后再将各截口线垂直投影到平面图纸上，并按测图比例缩小，就得出用等高线表示该地貌的图形。等高线图形的特点是同一条曲线上各点高程都相等。

2. 等高距与等高线平距

等高距是相邻等高线之间的高差，亦称等高线间距。同一幅地形图中等高距是相同的。等高线平距是相邻等高线之间的水平距离。因为同一幅地形图上等高距是相同的，故等高线平距的大小将反映地面坡度的变化。等高距越小，显示地貌就越详细。

如果等高距过小，图上的等高线会过于密集，这可能会影响图面的清晰度和易读性。因此，在测绘地形图时，确定等高距是非常重要的，这需要根据测图比例尺和测区地面的坡度来确定。

3. 典型地貌的等高线

将地面起伏和形态特征分解观察，它是由一些地貌组合而成的。会用等高线表示各种典型地貌，才能够用等高线表示综合地貌，主要包括以下 4 方面。

（1）山头和洼地。凡是凸出而且高于四周的单独高地叫作山。大的称为山岭，小的称为山丘，山岭和山丘最高部位称山头。比周围地面低下，且经常无水的地势较低的地方称为凹地。大范围低地称为盆地，小范围低地称洼地。

山顶与洼地的等高线都是闭合环形。为区别山头与洼地等高线，可使用示坡线。示坡线是用于指示地面斜坡下降方向的一根短线，它的形状与等高线类似，但其端点与等高线连接并垂直于等高线。示坡线的这一端表示地形较高，而另一端则表示地形较低。通过观察示坡线的方向，可以判断出坡度的下降方向，从而帮助人们确定谷地和山头的斜坡方向。

---

① 胡伍生，潘庆林. 土木工程测量［M］. 南京：东南大学出版社，2016：135.

（2）山脊与山谷。山脊是从山顶到山脚凸起部分，很像脊背状。山脊最高点间连线称山脊线。以等高线表示的山脊是等高线凸向低处，雨水以山脊为界流向两侧坡面，故山脊线又称分水线。山谷是两个山脊间的低凹部分。表示山谷等高线是凹向低处（或凸向高处）。雨水从山坡面汇流在山谷。山谷最低点间连线称山谷线，又称合水线。

分水线（山脊线）和合水线（山谷线）统称为地性线。

（3）鞍部。鞍部是连接两山顶之间呈马鞍形的凹地。鞍部在地性线上的位置既处于两山顶的山脊线连接处，又是两合水线的顶端。

（4）陡坡和悬崖。陡坡是地面坡度大于 70°的山坡，等高线在此处非常密集，绘在图上几乎呈重叠状。为便于绘图和识图，地形图图式中专门列出表示此类地貌的符号。悬崖是上部凸出中间凹进的地貌，其等高线投影在平面上呈交叉状。

4. 等高线的种类

等高线的种类主要包括以下方面：

（1）首曲线，亦称基本等高线，即为按规定等高距测绘的等高线。大比例尺地形图上首曲线的线划宽度为 0.15mm。

（2）计曲线，亦称加粗等高线，为便于查看等高线所示高程值，由零米起算，每隔四条基本等高线绘一条加粗等高线，即线划宽度 0.25mm 的实线。

（3）间曲线，又称半距等高线，即为按基本等高距一半而绘制的等高线，用长虚线表示。线划直径与首曲线相同。用半距等高线可以补充表示基本等高线显示不出的重要而较小的地貌形态。

（4）助曲线，助曲线是按照基本等高距的 1/4 绘制的等高线，使用短虚线表示，线划直径与首曲线相同。通过使用助曲线，可以补充间曲线以更完整地表示地貌形态。

5. 等高线的特征

等高线的特征主要包括以下方面：

（1）同一条等高线上的各点高程相等。

（2）等高线为连续闭合曲线，如不能在本图幅内闭合，必定在相邻或其他图幅内闭合。等高线只能在内图廓线、悬崖及陡坡处中断，不得在图幅内任意处中断。间曲线、助曲线在表示完局部地貌后，可在图幅内任意处中断。

（3）相同高程的等高线不能相交。不同高程的等高线除悬崖、陡坡处不得相交也不能重合。

（4）同一幅图内，等高距相同时，平距小表示坡度陡，平距大则坡度缓，平距相等则坡度相等。

（5）跨越山脊、山谷的等高线，其切线方向与地性线方向垂直。

（三）注记符号

注记是对地物和地貌符号的说明和补充，主要包括：

1. 名称注记。例如，村镇名、机关单位名、山名、河流名等。

2. 说明注记。例如，地物或管线的性质、经济林木或作物的品种，以及大面积土质、植被等的说明。

3. 数字注记。例如，山峰的高程、河流的深度等。

三、大比例尺地形图的测绘方法

测图时，将安置仪器的控制点称为测站点。测图的方法较多，主要包括以下方面。

（一）经纬仪测绘法

经纬仪测绘法是将经纬仪置于测站上，并用经纬仪测定至碎部点的方向与已知方向之间的夹角，用视距法或皮尺丈量控制点到碎部点的距离。根据测量数据用量角器在图板上以极坐标原理确定地面点位，并进行勾绘成图，称为经纬仪测绘法。经纬仪测绘法测图步骤如下。

1. 将经纬仪安置在测站上并量出仪器高

以盘左 0°00′00″对准相邻任一图根点，作为起始方向读数。自起始方向顺时针转动照准部，逐个照准碎部点。读出测站点至碎部点方向值，并用视距法求出测站与碎部点间距离和高差。

2. 确定碎部点的位置

在图板上，使用量角器测量碎部点与起始方向之间的夹角，并将这个夹角绘制在图上，实际上是将测站至碎部点的方向线绘制在图上。然后，在这个方向线上，按照相应的比例截取测站至碎部点的实际距离。通过这种方式，可以确定碎部点的平面位置。再将用视距法求出碎部点的高程注记在图上碎部点位置旁。

3. 画出等高线

参照地面情况，用地物符号将碎部点连接起来，根据碎部点高程，绘出表示地貌的等高线。至此完成一个测站的测图工作。测图时需注意以下方面。

（1）测图前应检查经纬仪竖盘指标差，其值不应大于2′，否则应进行校正或在视距计算中加入指标差改正数。

（2）设站时应进行必要的检查。

①测站点检查：用视距法测绘另一测站点，水平距离较差不应大于图上0.2mm；高程较差不应大于1/5等高距。

②重合点检查：测定上一测站所测绘的明显地物点，其平面位置较差不应大于$2\sqrt{2}\times0.6$mm；高程较差不应大于$2\sqrt{2}\times1/3$等高距。

（3）观测过程中每测20~30个碎部点应检查一下零方向，观察水平度盘位置是否发生变动。测站工作结束时应再做一次定向检查。

（二）大平板仪测图法

1. 大平板仪的构造

大平板仪由脚架、基座、图板与照准仪构成。基座在脚架与图板之间，三者可以连接在一起。基座上的基座螺旋用于整平。照准仪由望远镜、竖直度盘、支柱、底板与平行尺组成。照准仪可以进行视距测量，照准碎部点用平行尺描绘方向线。附件包括：叉架式对中器（与小平板仪对点器类似）、方盒罗盘及独立水准器。大平板仪在测站上安置步骤与小平板仪安置步骤相同，只是整平时用独立水准器。

2. 大平板仪的测绘方法及步骤

将大平板仪正确安置在测站后，将照准仪置于图纸上测站点左侧，对准碎部点所立的标尺，用视距测量方法求出测站点至碎部点间的水平距离及高差。再打开底板上的平行尺，使平行尺边切准图纸上的测站点并描绘方向线，并按所测水平距离在图上标出碎部点位置，最后在碎部点旁注记该点高程。大平板仪这种确定点平面位置的方法仍属于极坐标原理测图的方法。在大比例尺地形图测绘中常用极坐标法测图。

（三）小平板仪与经纬仪联合测图法

小平板仪由脚架、图板、对点器、罗盘、照准仪组成。图板与脚架用中心螺旋或球窝连接螺旋连接。对点器为夹式对点器，可使图纸与地面对应点在同一铅垂线上。小平板照准仪又称测斜仪，其构造为：在有刻划的直尺两端连接两块可折叠的觇板。接目觇板上有三个小孔，称觇孔。接物觇板中间有一竖丝为照准目标用。直尺刻划供量取长度用。直尺边供绘方向线用。直尺中央有一小管状气泡供整平图板用。小平板仪为古老传统测图仪器。由于其灵敏便捷性，一直保留至今，现在通常只利用其描绘方向。在一测站上的施测方法及步骤如下。

1. 经纬仪或水准仪安置于测站点旁 2~3m 处

在测站点立视距尺，求出经纬仪视线高程与距测站点的水平长度。

2. 测站点上安置小平板仪，其顺序是粗略定向—安平—对中—精确整平—精确定向

粗略定向可用磁针定向；粗略安平用目估即可；对中是用铁夹对点器，使地面与图纸上相应控制点在同一条铅垂线上；精密整平可用活动球窝调平，也可用基座螺旋整平，精确整平时将测斜仪放在图板上，使照准仪直尺上的管水准器气泡在两个正交方向上居中即可；精确定向是在图纸上先将照准仪直尺边切准测站点与定向用的图根点（如图 2-1 中的 1，2 点）。然后松开图板连接螺旋，转动图板，从觇孔观察，使觇板照准丝对准 2 点上所立的花杆，此时觇孔、照准丝与花杆在同一直线上。图中 1、2 点与实地 1、2 点在同一竖直面内，从而达到图板方向与实地方向一致的定向目的。定向完毕后再用另一已知方向检查，允许偏离值小于图上 0.1mm。

3. 在图纸上标出经纬仪或水准仪位置

图板定向后，用测斜仪照准小平板旁的经纬仪或水准仪中心，在尺边画出方向线，按比例定出经纬仪或水准仪在图纸上位置，如图 2-1 中 1′点。

4. 测绘碎部点

欲测碎部点 A（图 2-1），可在小平板上用测斜仪照准 A 点，同时用测斜仪直尺边切准 1 点，沿尺边描方向线 1−a。用经纬仪或水准仪以视距法求出碎部点的高程及经纬仪的水平距离 d'。以经纬仪（水准仪）在图纸上位置 1′点为圆心，以 d'/M 为半径画弧交 1−a 于 a 点。a 点就是地面 A 点在水平面上的垂直投影位置，并在 a 点旁注出所测 A 点高程值。

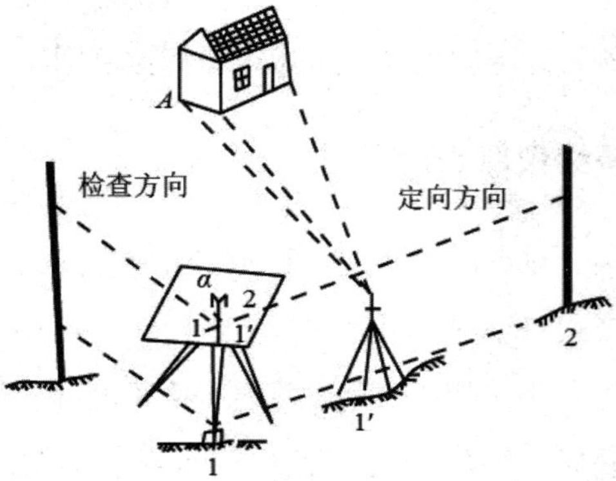

图 2-1　碎部点测绘

四、全站仪数字化测图

随着计算机技术的发展和电子全站仪的出现，应用电子全站仪进行数字化测图正在得到大力开发和推广应用。传统的纸质测图，其实质是图解法测图。在测图过程中，将测得的观测值——数字值按图解法转化为静态的线划地形图，这种转化使得所测数据精度降低，设计人员用图时又要产生解析误差。数字化测图技术的展开使得上述问题迎刃而解。

数字化测图的实质是采用解析法进行测图，即将地形图形信息通过测绘仪器或数字化仪转化为数字变量，并将这些数字变量输入计算机进行存储，这种存储方式以数字形式在硬盘或软盘上进行，从而便于传输和直接获取地形的数量指标。当需要时，可以通过显示屏显示或用绘图仪绘制出纸质地形图。由于数字化测图的数据成果易于存取和管理，因此它是建立地理信息系统（GIS）的基础。

（一）电子全站仪测图的设备配置及作业模式

1. 电子全站仪

电子全站仪照准镜站目标后，可以自动测距、测角，亦可以得到高差、高程、坐标等。由于电子全站仪可以对采集到的数据进行预处理和自动存储，避免了读数、计算、记录数据的误差和可能发生的错误，又由于电子全站仪测距精度高，测定碎部点时其视距长度可以大大增加，因而大幅减少了图根控制点，极大地减少了控制测量工作量。

2. 计算机和绘图软件

电子全站仪在野外采集的数据，可以通过数据输出接口与计算机相连接，将野外采集的数据直接输入计算机，避免了大量数据转抄可能发生的错误。测图软件装在计算机内对外业数据进行处理并生成数字地图。

3. 绘图仪

当需要使用纸质图时，还需配备绘图仪。绘图仪分为滚筒式和平台式，有多种类型和幅面，使用时用专用接口直接与计算机相连。

用电子全站仪测图的作业模式还包括以下方面。

（1）野外电子全站仪测得的数据通过远程无线通信直接传输给室内计算机。内业操作人员根据生成的图像存在的问题，通过远程无线通信遥控外业人员及时修测和补测。

（2）电子全站仪测得的数据通过数据输出接口输入野外的便携式计算机，在野外直接修测、补测，完成测图。

（3）由于电子全站仪测图视距可达几百米、上千米，因此测站上的人员对镜站处的地形、地物观察不够清晰。一旦镜站编码出现错误，将会给测图工作带来困扰。为了解决这一问题，较为先进的方法是利用电子全站仪将测得的数据通过无线通信传输至镜站的便携式计算机——电子平板。然后，镜站人员将实地地形与觇板上的图形进行对照，边走边测，以避免可能出现的丢测、错测现象，从而提高测图的精度和速度。

由此，亦有在全站仪上安装伺服马达由镜站人员遥控全站仪进行跟踪操作的。如此测图，全部工作只需镜站上一个人，故也称为“一人系统”。

（二）大比例尺数字化地形图的生产

大比例尺数字化地形图的生产方法主要有图解地形图数字化和数字测图两种。目前，图解地形图的数字化可以通过手扶跟踪数字化和扫描数字化两种方法进行。在缺乏合适的大比例尺地形图的地区，且设备条件允许的情况下，可以直接采用地面数字测图方法，也称为内外业一体化数字测图法。常用的方法包括草图法和电子平板法，这两种方法所需的设备包括全站仪（或测距经纬仪）、电子手簿、计算机和数字测图软件。例如，在进行内外业一体化数字测图（地面数字测图）作业时，关键在于选择成熟且技术先进的数字测图软件。数字化测图软件一般采用数据库管理技术并具有 GIS 前端数据采集功能，生成的数字地形图可以以多种格式文件输出并供某些 GIS 软件读取，这些软件都是在 AutoCAD 平台上开发的，其优点是可以充分利用 AutoCAD 强大的图形编辑功能。

五、地形图的分幅编号

在地形图的测绘、使用和管理中，需将各种比例尺地形图按统一的方法分成许多幅图，并按某种系统编号。常用的有梯形与矩形两种分幅与编号方法。

（一）梯形分幅编号

梯形分幅是按照经纬线度数与经差、纬差值进行地形图分幅的方式，其图幅形状呈现为梯形。在我国，采用全球统一的分幅编号方法，即各种比例尺地形图是以百万分之一地图图幅为基础，按照顺序逐次进行分幅与编号。

1. 国际百万分之一地形图分幅与编号

国际分幅是将整个地球用经纬线分成格网状。自赤道向两极纬差每隔 4°为一横行，每一横行用大写英文字母表示。即从纬度 0°开始至南北纬 88°为止，南北半球各 22 横行，分别用 A～V 表示。以极点为圆心，纬度 88°的圆用 Z 表示。北半球在英文字母前加 N，南半球加S。我国国土皆在北半球，故省去“N”字母。用每个格网的经线从经度180°起自西向东将地球分成60纵行，用阿拉伯数字1~60表示其顺序，这样每个梯形格网（纬差4°，经差6°）可用英文字母与阿拉伯数字进行编号。编号写法：英文字母在前，用连接阿拉伯数字。

2. 五十万分之一，二十万分之一，十万分之一地形图分幅编号

此三种比例尺地形图是在百万分之一地形图基础上的分幅。根据经纬差，可知每幅百万分之一图幅可分别分为4幅1：500000图幅，36幅1：200000图幅，144幅1：100000地形图图幅，其编号方法分别用ABCD、（1）－（36）及1-144表示，从左到右、自上而下按顺序编排。书写图幅时，应先写出该幅所在百万分之一图幅编号，再用连接该幅图在百万分之一图幅中的编号。

3. 五万分之一，二万五千分之一，万分之一地形图的分幅编号

此三种比例尺图是以十万分之一为基础，在1：100000图幅编号内继续分幅编号，其分幅方法亦是按经差、纬差，将1：100000地形图图幅分成四等份。用A－D、（1）－（64）表示1：50000、1：10000比例尺图在1：100000地形图中的编号。编号顺序亦采用从左到右、自上而下依次排列。书写图幅号时，先写出所在十万分之一图幅号，再用连接本幅图在1：100000图幅内编号。

4. 五千分之一、二千分之一地形图的分幅编号

将每幅1：10000比例尺地形图分成四幅1：5000图，其编号是在1：10000图编号后加“-”后，再加小写英文字母a、b、c或d。

（二）矩形分幅编号

矩形分幅指图幅形状呈矩形或正方形。矩形图幅不按经纬线展绘图廓线。公里格网线构成直角坐标格网，图幅四周公里格网线即为测图的内图廓线。矩形分幅适用于小面积或独立地区大比例尺地形图测图，其平面坐标有时可以采用独立直角坐标系（即假定平面直角坐标系），更多的场合使用高斯平面直角坐标单独分幅。分幅方法是通过计算所在图幅内控制点的X、Y值，并参照这些控制点在测区内的分布情况来确定图幅左下角坐标，这种方法的运用是基于高斯平面坐标系进行的。此种分幅图廓点坐标不与梯形统一分幅图廓点坐标一致，图廓内测绘面积是跨梯形图幅的测绘面积。

矩形图幅大小有40cm×40cm、50cm×50cm、50cm×40cm等。

矩形分幅是以1：5000图为基础，取其图幅西南角的坐标值（以km为单位）作为

1∶5000 图的编号。由于矩形分幅不是全球统一分幅，其编号方法比较灵活，可以根据实际自行拟定图号以便于使用。

第二节　地形图应用的主要内容

地形图是包含丰富自然地理要素、社会政治经济人文要素的载体，是经济建设和国防建设中获取各种地理信息的重要依据。对于各种工程建设，地形图是必不可少的基本资料。在每一项工程建设之前，都要先进行地形测量工作，以获得规定比例尺的现状地形图。对于有关工程专业人员，能够正确地判读和使用地形图具有十分重要的意义。

一、地形图应用的注意事项

（一）比例尺的选择

各种不同比例尺的地形图所提供信息的详尽程度是不同的，要根据使用地形图的目的来选择。例如，对于一个城市的总体规划或一条河流的开发规划，都可能涉及大片地区，需要的是宏观的信息，就得使用较小比例尺的地形图；对于居民小区和水利枢纽区的设计，则要用较大比例尺的地形图，以便在图上研究微地貌和安排各种各样的建筑物。

对于总体规划、厂址选择、区域布置、方案比较，多使用 1∶10000 和 1∶5000 地形图。详细规划和工程项目的初步设计，可以用 1∶2000 地形图。对于小区的详细规划，工程的施工图设计，地下管线和地下人防工程的技术设计，工程的竣工图，为扩建和管理服务的地形图，城镇建筑区的基本图，多用 1∶1000 和 1∶500 比例尺图。当同一地区需要用到多种比例尺图时，可测其中比例尺最大的一种，其余靠缩编成图。

（二）读图的注意事项

1. 了解地形图的平面坐标系统和高程系统

对于国家基本图幅地形图，如 1∶10000、1∶5000、1∶2000 梯形分幅的国家基本图，一般采用国家统一规定的高斯平面直角坐标系。

2. 熟悉图例、学会判读

地形图的信息是通过图例符号传达的，图例符号是地形图的语言。用图时，要了解该幅图使用的是哪一种图例，并对图例进行认真阅读，了解各种符号的确切含义。此外，若要正确判读地形图还须在了解地形图符号的含义后，对其正确理解，将其具体化、形象化，使符号所表达的地物、地貌在头脑中形成立体概念。

3. 了解图的施测时间等要素

地形图反映的是测绘时的现状，读图用图时要注意图纸的测绘时间。对于未能在图纸上反映的地物、地貌变化应予以修测、补测，用图要选择最近测绘的、现势性强的图纸为好。另外，还要注意图的类别，是基本图还是规划图、工程专用图，是详测图还是简测图等，注意区别这些图精度和内容取舍的不同。

二、地形图的实际应用

（一）地形图在地质勘探中的应用

地形图是土木工程中一类重要的工具，它在地质勘探领域中发挥着重要的作用。地形图通过精确的地形测量和地理信息系统技术的应用，提供了地表及其周围环境的详尽信息。地形图在地质勘探中的应用体现在其对地表特征的准确描述上。地形图通过进行高精度的地形测量，精确地反映了地表的高程、坡度和地势等重要特征，对于土木工程师和地质学家而言，地形图包含了深入了解工程地区地貌的重要的信息基础。详细而全面的地形图数据为工程团队提供了关键的支持，使其能够更准确地预测地质灾害的风险，如滑坡、泥石流等。在工程设计和实施过程中必须考虑这些地表特征，工程团队才能够有针对性地采取相应的安全措施，从而最大程度地降低潜在的地质灾害对工程的不利影响。因此，地形图在地质勘探中的精准描述为工程领域提供了关键的信息基础，为工程安全性和可持续性的确保提供了有力支持。

（二）地形图在采矿工程中的应用

1. 开矿设计

通过对地形图的详细分析，工程师可以确定最合适的开矿方式和矿坑布局。地形图中包含的高程信息对于确定采矿的坡度、坡高、坑底高程等重要参数。对这些参数的准确把握可以最大程度地提高开矿效率，降低开采成本。此外，地形图还可以帮助工程师选择最佳的采矿设备和工艺流程，确保开采过程顺利进行。

2. 资源评估

土木工程地形图在采矿工程中的重要作用是资源评估。通过对地形图中的地貌和地形信息的综合分析，矿业从业人员可以更准确地估算矿床的储量和质量。地形图提供的高程数据可以用于计算矿床的容积，结合地质信息可以估算矿石的品位，这些信息有助于进行矿产资源评估和制订科学的开采方案，有助于矿山企业更好地利用资源，提高经济效益。

（三）地形图在农田水利中的应用

1. 地形图在农田水利规划中的应用

农田水利规划是农田水利工程的第一步，而地形图为规划提供了基础数据。通过地形图，工程规划者能够准确地了解地形地貌的特征，包括坡度、高差、水系分布等信息，从而科学合理地设计排水系统、灌溉系统和水土保持措施。地形图的引入使规划更加精准，能够最大限度地利用地形特征，提高水资源的利用效率。

2. 地形图在农田水利设计中的应用

设计是农田水利工程的核心环节，地形图在设计过程中起到了不可替代的作用。通过地形图，工程师可以进行精确的水文分析，确定水流路径、流速和流量，为渠道、水库等水利设施的设计提供准确的依据。此外，地形图还能够帮助工程师更好地考虑地形对工程的影响，确保工程在不同地貌条件下都能够正常运行。

3. 地形图在农田水利实施中的应用

在农田水利工程实施阶段需要将设计方案具体付诸实践，而地形图则为施工提供了精准的导向。通过地形图，施工人员能够清晰、准确地了解地表特征，合理地安排施工顺序，提高施工效率。此外，地形图还能够帮助监测施工过程中的地形变化，及时调整工程方案，确保施工的顺利进行。

4. 地形图在农田水利效益评估中的应用

农田水利工程的实施不是一次性的工作，需要进行长期的效益评估。地形图为效益评估提供了数据支持。通过地形图，评估人员可以对农田水利工程的运行情况进行监测，及时发现问题并提出改进建议。地形图的应用使得效益评估更加客观科学，为工程的可持续发展提供了有力支持。

总而言之，地形图在农田水利中的实际应用不仅提高了工程的设计和实施效率，还为工程的长期运行和可持续发展提供了有力支持。在未来，随着技术的不断进步和应用的深入拓展，地形图在农田水利领域的作用将更加重要，为农田水利工程的可持续发展奠定坚实基础。

第三节　地形图在平整场地中的应用

地形图在平整场地的应用是地理信息科学领域中的一个重要研究方向。平整场地通常指的是地势相对平坦、地形变化较小的区域，如平原、盆地等地貌类型。在这些地区，地形图的应用涉及土地利用规划、环境管理、灾害风险评估等多个方面。

一、平整场地的特征分析

平整场地的地势相对平坦，缺乏大幅度的高低起伏，这种地形特点对地形图的制作提出了一系列独特的要求，需要专注于高分辨率的地形数据以描绘微小的地形变化。在平整场地制作地形图时，高分辨率的地形数据不可或缺。由于地势相对平坦，任何微小的地形变化都可能对地形图的精确性产生显著影响。因此，需要采用先进的测绘技术和传感器，以获取准确且细致的地形数据，这包括激光雷达、卫星遥感和无人机等先进技术的应用，以确保地形图的高精度和高分辨率。

由于平整场地通常用于建筑、基础设施和城市规划等领域，地形图的制作需要充分考虑这些应用领域的特殊需求。例如，在建筑设计阶段，必须获取精确的地形数据以确立建筑物的坐落位置及高度，从而确保建筑物的结构安全与稳定性。在城市规划领域，地形图所提供的信息可应用于确定交通网络、水资源分配以及自然资源的开发利用等各个方面。

“在平整土地工作中，常需预算土方的工程量，即利用地形图进行填挖土方量的概算，或通过计算土方工程量使填挖土方基本平衡。”① 地形图在平整场地的制定中也需要考虑自然风险，如洪涝和地质灾害等，这些天然风险可能对平整场地造成威胁，因此，地形图的应用具有重要的风险评估功能。通过地形图，能够准确地评估潜在的自然风险，为制定有效的风险应对措施提供依据，进而保障人们在平整场地的生命和财产安全。

因此，了解平整场地的地形特征不仅仅是地形图制作过程中的一项基础工作，更是对地形数据精准性和地形图实际应用的深思熟虑。通过充分考虑平整场地的特殊地形特征，制作出的地形图能够更好地满足规划和管理的实际需求，为相关领域的决策提供科学依据。

---

① 李杰涛. 浅谈地形图在场地平整中的应用［J］. 门窗，2017（4）：234.

二、平整场地地形图的绘制方法

在地形图的制作方法方面，采用先进的遥感技术，包括卫星遥感、航空遥感以及无人机遥感，它们能够提供高分辨率、全面覆盖的地形数据，为平整场地地形图的制作提供了强大的支持。卫星遥感技术通过在轨卫星对地球表面进行观测，能够获取大范围的地形信息，实现对广阔地域的高效监测，为地形图制作提供了广泛而可靠的数据基础。

第一，航空遥感通过搭载在飞行器上的传感器，以低空飞行的方式获取地表信息，具有较高的分辨率和灵活性，这种技术能够在更细致的尺度上捕捉地形特征，为地形图的制作提供了更为翔实的数据支持。此外，无人机遥感技术以其机动性和灵活性能够在复杂或难以达到的地区获取高质量的地形数据，进一步提高了地形图的精度和全面性。

第二，除了卫星和飞行器观测，激光雷达技术是获取高精度地形数据的必要手段。激光雷达能够以极高的精度测量地表高程、建筑物高度等关键信息，为地形图的精细化制作提供了可靠的数据基础，其工作原理是通过激光束扫描地表，通过测量激光束反射的时间来确定地表特征的高程，从而实现对地形的高精度测量。

第三，在土地利用规划中，地形图的应用不仅仅是单纯的制图过程，更是一项多维度的工作。通过充分利用地形图提供的信息，规划者能够制定科学合理的土地利用策略，确保平整场地资源得到最优化的配置，这不仅有助于提高农业生产的效益，还能够降低自然灾害风险，实现土地资源的可持续利用。因此，地形图在平整场地土地利用规划中的应用，对于维护生态平衡、保障社会稳定具有深远的意义。

总而言之，先进的遥感技术在地形图制作中的应用为研究人员提供了丰富而多样化的数据资源，极大地促进了地理信息科学的发展，这些技术的不断创新和应用将进一步推动地形图制作的精度、全面性和效率的提升，为地理研究和资源管理等领域提供更为可靠的空间信息支持。

三、平整场地地形图的实际运用

（一）水资源管理和生态环境监测

通过深入分析地形图，可获取关键信息，如水系分布和水体流向等，为水资源的科学管理提供了有力支持。综合信息的获取有助于实现对水资源的有效监控与合理利用，从而推动水资源的可持续利用。除了在水资源管理中的应用，地形图还可广泛用于监测植被分布和土地利用变化等环境指标。通过对地形图的综合分析，可以深入地了解植被的空间分布情况，及时发现植被的变化趋势，为制定科学的生态环境保护和恢复策略提供了重要依据。同时，地形图的利用也有助于监测土地利用的演变过程，为制定可持续的土地管理方案提供了必要的信息支持。

（二）多学科协同合作

在实际应用中，平整场地地形图的制作与利用涉及多学科的协同合作，融合了地理信息科学、地理学、土地利用规划和环境科学等领域的专业知识。跨学科的合作为推动平整场地地形图的研究与应用提供了丰富的资源和广阔的视野。

1. 地理信息科学在这一过程中发挥着关键作用

通过应用地理信息系统（GIS），可以有效地整合来自多个源头的地理数据，形成全面的地形图信息。GIS 技术不仅能够处理和管理大量的地理数据，而且具备空间分析和模拟的能力，有助于深入理解平整场地的地形特征。科技手段为地形图的制作提供了高效的工具，同时也为后续的研究与应用提供了可靠的数据支持。

2. 地理学在地形图制作中扮演着重要的角色

地理学的理论和方法可以帮助人们理解地表特征与地形之间的关系，揭示地理空间的复杂性。从地理学的角度，可以更好地把握平整场地的地貌演化过程，从而更准确地反映在地形图中，这种地理学的贡献使得地形图更富有地理学的内涵，不仅是平面图像，更是地表现象的立体呈现。

3. 土地利用规划和环境科学的专业知识也是制作平整场地地形图不可或缺的组成部分

土地利用规划可以为地形图提供土地利用的空间布局信息，而环境科学则能够揭示地表环境的变化和影响，这些信息的综合考量使得地形图更具指导意义，能够为城市规划、土地管理和环境保护等决策提供科学依据。

总而言之，平整场地地形图在环境管理中的应用远不仅限于水资源管理和生态环境监测，其综合信息提供的科学依据也涵盖了植被分布、土地利用变化等多个方面，这种综合性的应用使得地形图成为环境管理中不可或缺的工具，为科学决策和可持续发展目标的实现提供了强有力的支持。因此，深化对平整场地地形图的研究与应用，对于推动环境管理的发展，促进资源的科学利用具有重要的理论和实际意义。

第三章　现代土木工程测绘中的地理信息系统分析

第一节　地理信息系统及其发展

地理信息系统（GIS）是一种特定而又较为重要的空间信息系统，它是以采集、表达、处理、管理、分析和描述整个或部分地球表面（包括大气层在内）与空间和地理分布有关数据的空间信息系统。因为地球是人类赖以生存的基础，所以 GIS 是与人类的生存、发展和进步密切关联的一门信息科学与技术，越来越受到重视。

一、地理信息系统发展与演进

目前，GIS 的概念在不断地发展与演进。地理信息系统在面向部门的专业应用不断拓展的同时，已开始向社会化、大众化应用的发展，GIS 从传统意义上的地理信息系统拓展为地理信息科学和地理信息服务等多个方面。

第一，地理信息科学，是关于 GIS 的发展、使用和应用的理论，是信息时代的地理学，是关于地理信息的本质特征与运动规律的一门科学。地理信息科学的提出和理论创建来自两个方面：一是技术与应用的驱动，这是一条从实践到认识，从感性到理论的发展路线；二是学科融合与地理综合思潮的逻辑扩展，这是一条理论演绎的发展路线。在地理信息科学的发展历程中，两者紧密相连，相互促进，共同推动了地理学思想的发展、范式的演变以及地理信息科学的诞生与发展。地理信息科学在本质上源于这两者的推动，它是地理学思想演变的产物，代表着新的技术平台、观察视角和认识模式下的地理学新范式，也是信息时代下的地理学。与地理信息系统相比，地理信息科学更注重基础理论的研究。

第二，地理信息服务，是指遵循服务体系的架构和标准，采用网络服务技术，基于地理信息互操作标准和规范，在网络环境下提供地理信息系统的数据、分析、可视化等功能的服务。地理信息服务是网络环境下一组与空间信息相关的软件功能实体，该软件功能实体通过接口封装其功能，从而方便用户进行访问和使用。狭义的地理信息服务是指遵循

Web 服务体系架构和标准，利用网络服务技术在网络环境下提供 GIS 数据、分析、可视化等功能的服务和应用。广义的地理信息服务是指提供与地理空间信息有关的一切服务。相对于地理信息系统、地理信息科学，地理信息服务强调面向服务的架构以及为用户提供各种服务（数据服务、功能服务、应用服务等）。

二、地理信息系统的基本特点

地理信息系统（GIS）具有以下五个方面的基本特点。

（一）GIS 是以计算机系统为支撑的

GIS 是建立在计算机系统架构上的信息系统，由若干个相互关联的子系统构成，包括：数据采集子系统、数据处理子系统、数据管理子系统、数据分析子系统、数据产品输出子系统等。

（二）GIS 的操作对象是空间数据

空间数据的最根本特点是每一个数据都按统一的地理坐标进行编码，实现对其定位、定性和定量描述。在 GIS 中实现了空间数据的空间位置、属性特征和时态特征的统一。

（三）GIS 具有对地理空间数据进行空间分析、评价、可视化和模拟的综合利用优势，具有分析与辅助决策支持的作用

GIS 具备对多源、多类型、多格式空间数据进行整合、融合和标准化管理的能力，可以为数据的综合分析利用提供技术支撑。通过综合数据分析，可以获得常规方法或普通信息系统难以得到的重要空间信息，实现对地理空间对象和过程的演化、预测、决策和管理能力。

（四）GIS 具有分布特性

GIS 的分布特性是由其计算机系统的分布性和地理信息自身的分布性共同决定的。计算机系统的分布性决定了地理信息系统的框架是分布式的。地理要素的空间分布性决定了地理数据的获取、存储、管理和地理分析应用具有地域上的针对性。

（五）地理信息系统的成功应用不仅依赖于技术的先进性，更强调组织体系和人的因素作用

在现代社会，随着科技的发展，我们已经掌握了许多先进的技术工具，但仅仅拥有这些技术工具并不足以保证其成功应用。组织体系和人的因素在其中的作用不可忽视。

三、地理信息系统的技术发展

当代地理信息系统在技术方面的发展主要表现在组件 GIS、互联网 GIS、多维 GIS、移动 GIS 等方面。

（一）组件 GIS

GIS 基础软件可视为一种应用基础软件。为了满足特定行业或部门的特定需求，GIS 基础软件需要进行应用开发。因此，软件的体系结构和应用系统二次开发的模式对于 GIS 软件的市场竞争力具有至关重要的影响。

GIS 软件大多数都已过渡到基于组件的体系结构，一般采用 COM/DCOM 技术。组件体系结构为 GIS 软件工程化开发提供了强有力的保障。一方面，组件采用面向对象技术，软件模块化更加清晰，软件模块的重用性更好；另一方面，也为用户的二次开发提供了良好的接口。组件接口是二进制接口，可以跨语言平台调用。

（二）互联网 GIS

随着互联网的发展，特别是万维网技术的发展，信息的发布、检索和浏览无论在形式上还是在手段上都发生了革命性的变化。网络的发展为 GIS 提供了机遇和挑战，改变了 GIS 数据信息的获取、传输、发布、共享、应用和可视化等过程和方式。

互联网为地理信息系统提供了一个全新的操作平台，使得地理信息系统与互联网的结合成为 GIS 发展的必然趋势，即 WebGIS。通过 WebGIS，用户无须购买昂贵的 GIS 软件，可以直接通过互联网获取 GIS 数据和使用 GIS 功能，满足不同层次用户对 GIS 数据的使用要求。WebGIS 提供了用户和空间数据之间的可操作工具，而且其中的数据信息是动态的、实时的。由于之前技术的原因，基于客户端/服务器模式的地理信息系统通常无法在互联网上运行，因此几乎每一个 GIS 软件商都开发了能在互联网上运行的 GIS 软件，例如 ESRI 的 ArcIMS、MapInfo 的 MapXtream 以及 GeoStar 的 GeoSurf 等。

（三）多维 GIS

传统的 GIS 系统主要局限于二维空间，仅能处理和管理二维图形和属性数据。虽然某些软件具备 2.5 维数字高程模型（DEM）地形分析功能，但随着技术的不断进步，三维建模和三维 GIS 崭露头角，迅速展现出巨大的市场潜力。此外，随着对时态问题和地理过程建模研究的深入，时态 GIS 的研究也逐渐受到重视。多维动态 GIS 已成为当代 GIS 发展的一个重要方向，当前的多维动态 GIS 主要有以下形式。

1. DEM 地形数据和地面正射影像纹理叠加在一起，形成三维的虚拟地形景观模型，有些系统还能将矢量图形数据叠加进去

这种系统除了具有较强的可视化功能外，通常还具有 DEM 的分析功能，如坡度分析、坡向分析、可视域分析等，还可以将 DEM 与二维 GIS 进行联合分析。

2. 在虚拟地形景观模型之上，将地面建筑物竖起来，可形成城市三维 GIS

城市三维 GIS 对房屋的处理有三种模式：①每栋房屋具有统一的高度，其形状也经过简化处理，呈现为盒状，墙面四周的纹理统一采用一种缺省纹理；②房屋形状是通过数字摄影测量实测，或是通过 CAD 模型导入，形状与真实物体一致，具有复杂造型，但墙面纹理可能作了简化，一栋房屋采用一种缺省纹理；③在复杂造型的基础上叠加真实纹理，形成虚拟现实景观模型。

3. 真三维 GIS

真三维 GIS 不仅表达三维物体表面（地面和地面建筑物的表面），还表达物体的内部，如矿山、地下水等。由于地质矿体和矿山等三维实体不仅表面呈不规则状，而且内部物质也不一样，此时 z 值不能作为一个属性，而应该作为一个空间坐标。矿体内任一点的值是三维坐标 x，y，z 的函数，即 $P=f(x, y, z)$。在进行三维可视化的时候，z 是 x，y 的函数，如何将 $P=f(x, y, z)$ 进行可视化，表现矿体的表面形状，并反映内部结构是一个难题。所以，当前的真三维 GIS 还有一些问题。虽然目前推出了一些实用的真三维 GIS 系统，但都有所简化。

4. 时态 GIS

传统的 GIS 不能考虑时态，随着 GIS 的普及应用，GIS 的时态问题日益突出。例如，土地利用动态变更调查需要用到时态 GIS，空间数据的更新也要考虑空间数据的多版本和多时

态问题。因此，时态 GIS 是当前 GIS 研究与发展的一个重要方向。一般在二维 GIS 上加上时间维，称为时态 GIS。如果三维 GIS 之上再考虑时态问题，称为四维 GIS 或三维动态 GIS。

（四）实时 GIS

随着位置服务技术和天空地各种传感器的广泛应用，产生了海量的时空序列数据。为了快速接入、存储、管理这些时空序列数据，维护时空关系，描述和分析时空变化过程，满足对各种自然和人文突发事件的实时检测、预警、应急响应以及智慧城市建设等的需求，迫切需要研发一种面向动态地理对象与动态过程模拟的新一代实时 GIS 系统。因此，我们能够构建一个通用的实时 GIS 时空数据模型，该模型用于存储和管理在复杂地理现象时空变化过程中产生的时空数据。这种模型能够为实时 GIS 的可视化与分析应用提供有力支持。

时空过程是地理现象时空变化的总称，包含着有限的地理对象和事件。地理对象是时空过程的主要实体部分，地理对象随时间的变化是时空过程的外在表现。在时空过程中，使用不同的图层对地理对象进行组织与管理，便于对地理对象进行检索与控制。事件是时空过程的另外一个重要的组成部分，是地理对象相互作用的表现形式，也是地理对象相互联系的纽带。事件类型注册到地理对象中，指明了地理对象生成该种类型的事件的生成条件，或者是地理对象受到该种类型事件驱动而产生变化时的驱动条件。当地理对象的时空变化满足事件类型所规定的条件时，地理对象就会生成一个该类型的事件，同样，当事件的属性满足事件类型所规定的条件时，地理对象就对事件的驱动作出响应，即事件驱动地理对象产生变化，从而使整个时空过程处于一个动态变化的过程中。为保证系统的实时性，观测通过传感网的传感器观测服务（sensor observation service，SOS），获取传感器观测数据并将实时数据写入对应的地理对象中。地理对象根据变化的观测数据构建相应的对象状态序列。

（五）移动 GIS

随着计算机软、硬件技术的高速发展，特别是互联网和移动通信技术的发展，GIS 由信息存储与管理的系统发展到社会化的、面向大众的信息服务系统。

移动 GIS 是一种应用服务系统，其定义有广义与狭义之分：广义的移动 GIS 是一种集成系统，是 GIS、全球卫星导航系统（global navigation satellite system，GNSS）、移动通信、互联网服务、多媒体技术等的集成，如基于手机的移动定位服务；狭义的移动 GIS 是指运行于移动终端并具有桌面 GIS 功能的 GIS 系统。

移动GIS通常提供移动位置服务和空间信息的移动查询，移动终端有手机、掌上电脑、便携机、车载终端等。

第二节　土木工程测绘中地理信息系统的作用

“地理信息系统的主要功能就在于测量与绘制，测绘数据的主要依据就是庞大的数据信息库，将建设工程所在地的地理信息数据进行统一专业的分析汇总，为工程的整体测绘工作提供可靠的数据帮助。”① 随着我国社会科技的不断进步，计算机技术飞速发展，使得原有的地理信息系统应用功能更为完善，相关的数据采集、处理及分析工作均可通过计算机建模完成，使得土木工程测绘工作量较以往有明显缩减，这不仅在工作效率上有明显提高，同时也使得原有的工作质量得到明显改善。由此可见，地理信息系统对于土木工程测绘而言是具有促进作用的，分析相关的应用技术，可使工程测绘工作能够更为高效地进行。此外，土木工程测绘的主要任务是通过运用相关的测绘理论，为建设工程提供精确的测量结果，并绘制相应的大比例尺地图，以确保建设工程后期工作的顺利进行。在土木工程测绘中，地理信息系统的应用对传统测绘工作进行了优化，主要表现在以下几个方面。

一、地理信息系统提高了工作效率

该系统利用先进的计算机技术等手段完成地理信息的采集和处理，与以往完全依靠人工实地勘测获取信息的方式相比，工作量明显减少，时间成本也显著降低。在后续的测绘工作中，可以通过大数据信息库进行综合分析处理，快速完成地图测绘，使工作流程简化，从而提高测绘效率。

二、地理信息系统提高了测量结果的精度

该系统采用先进的空间数据处理技术，对测量数据进行处理和分析，减少了人为因素对测量结果的影响，提高了测量结果的精度和可靠性。

三、地理信息系统为建设工程提供了全面的地理信息支持

该系统可以整合各种地理信息资源，包括地形、地貌、地质、气象等方面的信息，为

① 彭旺泉. 工程测绘中地理信息系统的应用研究［J］. 工程技术研究，2019，4（20）：27.

建设工程的规划和设计提供了有力的支持。

综上所述，地理信息系统在土木工程测绘中的应用对传统测绘工作进行了优化，提高了工作效率和测量结果的精度，为建设工程提供了全面的地理信息支持。

第三节　土木工程测绘中地理信息系统的应用

“测绘工程技术在信息化、数字化时代的不断发展，有效地助力土木工程测量、测绘工作。”① 例如，现代土木工程测量和测绘工作中已经开始融合应用 GPS、GIS、GPS 等多种成熟的测量测绘技术，加上计算机、建筑信息模型（building information modeling，BIM）等先进技术的辅助应用，使土木工程测量测绘更加精准，测绘图纸也从传统二维转变为 3D 立体图，方便设计者直观了解土木工程的情况，在此基础上可以实施优化图纸，继而有利于提升施工质量。此外，在土木工程测绘中，GIS 技术不仅涉及数据的采集和处理，还涉及三维建模和分析，以及工程测量和变形监测。

一、数据采集与处理

传统的数据采集方法往往需要大量的人力和物力，而且数据的质量和精度也难以保证，而 GIS 技术的出现，使得数据采集变得更加高效和准确。通过遥感技术、全球定位系统等手段，GIS 可以快速获取大量的地理信息数据，包括地形、地貌、地质、气象等。这些数据存储于 GIS 系统中，可以进行各种分析和处理。同时，GIS 还可以对数据进行预处理和后处理，包括数据格式转换、数据分类、数据存储等，为后续的工程设计和施工提供基础数据。

二、三维建模与分析

通过建立三维模型，可以对地形、地貌、地质等进行三维可视化展示，这种展示方式更加直观和生动，可以帮助工程师更好地了解地形地貌特征，为工程设计和施工提供更加准确的数据支持。同时，GIS 还可以进行三维分析，如坡度分析、坡向分析、断面分析等。这些分析可以为工程设计和施工提供更加科学的技术支持。例如，在桥梁设计中，通过坡

① 金蕾. GIS 技术在土木工程工程测绘中的应用［J］. 工业建筑，2021，51（8）：1.

度分析可以确定桥梁的高度和宽度；在道路设计中，通过坡向分析可以确定道路的走向和线路；在水利工程中，通过断面分析可以确定水库的容量和溢洪道的设计。

三、工程测量与变形监测

传统的工程测量方法往往需要大量的人力和物力，而且测量的精度受各种因素影响难以保证。而 GIS 技术的出现，使得工程测量变得更加高效和准确。另外，通过 GPS、遥感等技术手段，GIS 可以快速获取工程位置、尺寸等信息。这些信息被存储在 GIS 系统中，可以进行各种分析和处理。同时，GIS 还可以对工程进行变形监测，如桥梁、大坝等大型建筑物。通过定期监测其变形情况，可以及时发现潜在的安全隐患，为工程维护和修复提供科学依据。

综上所述，GIS 技术不仅可以用于数据的采集和处理，还可以用于三维建模和分析以及工程测量和变形监测。这些应用不仅提高了工程设计的精度和效率，还为工程的施工和维护提供了科学依据。因此，随着科技的不断发展，GIS 技术将在土木工程测绘中发挥更加重要的作用。

第四章　现代土木工程测绘中的无人机遥感技术分析

第一节　遥感成像原理与技术模块

一、遥感成像原理

遥感成像的关键设备是遥感传感器，这种传感器专门用于收集、探测并记录地物所发出的电磁辐射能量，它是遥感技术的核心构成部分。传感器的性能，如对电磁波波段的响应能力（包括探测灵敏度和光谱分辨率）、空间分辨率以及图像的几何特征，以及传感器获取地物电磁波信息量的大小和可靠性，都直接决定了遥感技术的能力和效果。

（一）扫描成像原理

扫描成像是依靠探测元器件和扫描镜对目标地物以瞬时视场为单位进行的逐点、逐行采样，以得到目标地物电磁辐射特征信息，形成一定波段的图像。扫描成像的探测范围包括微波、红外、可见光、紫外。

1. 光机扫描仪成像

（1）红外扫描仪。

①结构。典型的机载红外扫描仪的结构如图 4-1 所示，其具体结构元件有旋转扫描镜、反射镜组、探测器等。

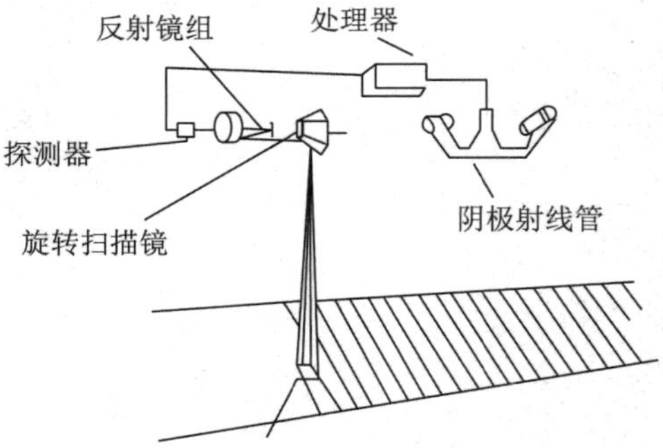

图 4-1　机载红外扫描仪结构

旋转扫描镜的主要功能是实现对地面垂直航线的扫描，并将地面辐射的电磁波反射到反射镜组。反射镜组的主要作用是将地面辐射的电磁波聚焦在探测器上。探测器将辐射能转变成电能，通常做成一个很小面积的点元，有的小到几平方微米。随着输入辐射能的变化，探测器输出的电流强度视频信号也会发生相应的变化。为了避免周围的红外辐射直接照射探测器，一般机载传感器会使用液氧或液氮制冷器。处理器主要是对探测器输出的视频信号进行放大和光电变换，它由低噪声前置放大器和光电变换线路等组成。输出端通常包括一个阴极射线管和胶片转动装置。视频信号经光电变换线路调制阴极射线管的阴极，这时阴极射线管屏幕上扫描线的亮度变化对应于地面扫描现场内的辐射量变化。照片曝光后可得到扫描线的图像。

②成像过程。当旋转棱镜旋转时，镜面对地面横越航线方向扫视一次，在地面瞬时视场内的地面辐射能由旋转棱镜反射到反射镜组；经反射镜组反射，聚焦在分光器上，经分光器分光后分别照射到相应的探测器上；探测器则将辐射能转变为视频信号，再经电子放大器放大和调整，在阴极射线管上显示瞬时视场的地面图像，底片曝光后记录。随着棱镜的旋转，对垂直于飞行方向的地面进行依次扫描，形成一条条相互衔接的地面图像，最后形成连续的地面条带图像。

③热红外像片的色调特征。热红外像片上的色调变化与相应地物的辐射强度变化呈函数关系。地物发射电磁波的功率与地物的发射率成正比，与地物温度的 4 次方成正比，温度的变化能产生较高的色调差别。例如，机场停机坪的热红外像片，飞机已发动的温度较高，色调浅；飞机未发动的温度低，显得很暗，水泥跑道发射率较高，出现灰色调；飞机的金属蒙皮发射率很低，显得很黑。

（2）多光谱扫描仪。

①结构。多光谱扫描仪的结构如图 4-2 所示。下面对主要组成部分扫描反射镜、反射镜组、成像板和探测器进行介绍。

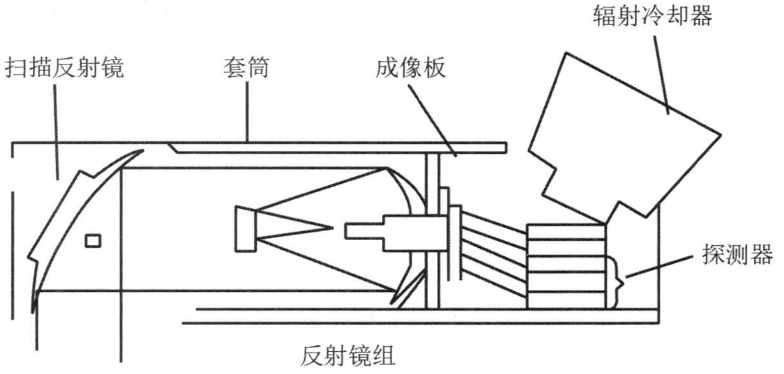

图 4-2　多光谱扫描仪结构

扫描反射镜是一个表面镀银的椭圆形的铍反射镜，长轴为 33cm，短轴为 23cm。当仪器垂直观察地面时，来自地面的光线与进入聚光镜的光线成 90°，扫描反射镜摆动的幅度为±2.899°，摆动频率为 13.62Hz，周期为 73.42ms，总观测视场角为11.56°。扫描反射镜的主要功能是采集垂直飞行方向两侧共 185km 范围内的电磁辐射能量，这些能量来源于景物。当与飞行器一同向前运行时，该设备能够生成地表二维图像，以供后续分析和利用。

反射镜组由主反射镜和次反射镜组成，焦距为 82.3cm，第一反射镜的孔径为 22.9cm，第二反射镜的孔径为 8.9cm，相对孔径为 3.6cm。反射镜组的作用是将反射进入扫描反射镜的地面景物聚集在成像面上。

成像板上排列有 24+2 个玻璃纤维单元，按波段排列成 4 列，每列有 6 个纤维单元，每个纤维单元为扫描仪的瞬时视场的构像范围。由于瞬时视场为 86μrad，而卫星高度为 915km，因此扫描的面积为 79m×79m。如陆地 4 号（Landsat-4）卫星的轨道高度下降为 705km，其多光谱扫描仪的瞬时视场在地面为 83m×83m，在遥感中称为空间分辨率。Landsat-2、Landsat-3 卫星的扫描仪上增加了一个热红外通道，编号为 MSS8，波长范围为 10.4~12.6μm，分辨率为 240m×240m，仅由两个纤维单元构成。纤维单元后面有光学纤维将成像面上接收的能量传递到探测器。

探测器的作用是将辐射能转化成电信号输出。它的数量与成像板上光学纤维单元的个数相同，所使用的类型与响应波长有关。Landsat-1~Landsat-3 卫星的 MSS4~MSS6 采用 18 个光电倍增管，MSS7 使用 6 个硅光电二极管，Landsat-2、Landsat-3 卫星上的 MSS8 采用两个汞镉碲热敏感探测器。探测器采用辐射制冷器制冷。经过探测器检波处理后的模拟信号将进入模数变换器进行数字化处理。随后，这些数字信号将由发射机内的调制器进行调制，并最终向地面发送或记录在宽带磁带记录仪上。

②成像过程。多光谱扫描仪每个探测器的瞬时视场为 86μrad，卫星高为 915km，因此，扫描瞬间每个像元的空间分辨率为 79m×79m，每个波段由 6 个相同大小的探测单元与飞行方向平行排列，这样在瞬间扫描的地面大小为 474m×79m。又由于扫描总视场为 11.56°，地面宽度为 185km，因此扫描一次每个波段获取 6 条扫描线图像，其地面范围为 474m×185km，又因为扫描周期为 73.42ms，卫星速度（地速）为 6.5km/s，在扫描一次的时间里卫星往前正好移动 474m，所以扫描线恰好衔接。

此外，成像板上的光学纤维单元接收的辐射能经光学纤维传递至探测器，探测器对信号检波后有 24 路输出，采用脉码多路调制方式，每 9.958μs 对每个信道做一次采样。由于扫描反射镜频率为 13.62Hz，周期为 73.42ms，而自西往东对地面的有效扫描时间为 33ms（即在 33ms 内扫描地面的宽度为 185km），按以上宽度计算，每 9.958μs 内扫描反射镜视轴仅在地面上移动了 56m，因此采样后的多光谱扫描仪像元空间分辨率为 56m×79m

（Landsat-4 卫星的为 68m×83m）。采样后对每个像元（每个信道的一次采样）采用 6bit 进行编码（像元亮度值为 0~63），24 路输出共需 144bit，都在 9.958μs 内生成。反算成每个字节（6bit）所需的时间为 0.3983μs（其中同步信号约占 0.3983μs），每个字节所需时间为 0.0664μs，因此，速率约为 15Mbit/s（15MHz）。采样后的数据用脉码调制方式以频率为 2229.5MHz 或 2265.5MHz 的馈入天线向地面发送。

③地面接收及产品。遥感数据的地面接收站主要负责接收卫星传输的遥感图像信息以及卫星的姿态、星历参数等数据。这些信息会被记录在高密度数字磁带上，然后被送往数据中心进行处理。处理后的结果可以形成可供用户使用的胶片和数字磁带等产品。发射卫星的国家除了在本土建立地面接收站外，还可根据本土和其他有关国家的需要，在其他国家建立地面接收站，这些地面接收站的主要任务就是接收遥感图像信息。本土上的地面接收站除了接收任务外，还负担发送控制中心的指令，以指挥卫星的运行和星上设备的工作，同时接收卫星发回的有关星上设备工作状态的遥感数据和地面遥测数据收集站发射给卫星的数据。每个地面接收站都建有跟踪卫星的大型天线，地面接收站除了接收本国卫星发回的信息，在经其他国家允许，每年交纳一定费用后，还可以接收其他国家卫星发送的图像信息。

④图像特征。Landsat-1~Landsat-5、Landsat-7 均采用了多光谱扫描仪，其中除 Landsat-2、Landsat-3 卫星采用五个波段外，其余均采用可见光至近红外上的四个波段。

MSS4：波长为 0.5~0.6μm，为蓝绿色波段，对蓝绿色、黄色景物一般呈浅色调，颜色随着红色的增加而变暗；水体色调最浅，对水体有一定的穿透能力，可测一定水深（10~20m）的水下地形，并有利于识别水体浑浊度、沿岸流、沙地、沙洲等。

MSS5：波长为 0.6~0.7μm，属橙红色波段，橙红色景物一般呈浅色调，其颜色会随着绿色成分的增加而逐渐变暗。在水体中，该波段的颜色最为浅淡，同时对水体的穿透能力较强，大约能够穿透 2m 的水层。此外，橙红色波段对水体中的泥沙流动反应较为明显，还可以提供有关裸露的地表、植被、土壤、岩性地层、地貌现象等丰富的信息。在可见光中，橙红色波段被认为是最为重要的波段之一。

MSS6：波长为 0.7~0.8μm，属红外、近红外波段。

MSS7：波长为 0.8~1.1μm，属近红外波段。

MSS6 和 MSS7 波段之间存在较高的相关性，其植被呈现浅色调，而水体则呈现深色调。特别是 MSS7 波段的水陆界线清晰，能够清晰地反映土壤含水量，这一特点对于寻找地下水、识别与水有关的地质构造、隐伏构造、作物病虫害、植物生长状况以及土壤岩石类型等非常有利。

多光谱扫描仪扫描宽度为185km，空间分辨率为80m。扫描反射镜每振动一次，有六条扫描线同时覆盖四个光谱带，约扫描地面宽474m，获得一幅图像约需扫390次，包含2340行（390次×6行/次）扫描线，每行扫描线为3240个像元，则一幅多光谱扫描仪图像的总数据量约为30Mbyte（3240像元×2340行×4个波段），辐射分辨率分别为64个灰度级（MSS7）、128个灰度级（MSS4~MSS6）。

（3）专题制图仪。

①结构。Landsat-4、Landsat-5卫星上的专题制图仪是一台高级多波段扫描型地球资源敏感仪，与多光谱扫描仪相比，专题制图仪增加了一台扫描改正器，使扫描行垂直于飞行轨道，往返双向都可进行扫描，带有探测器100个，分7个波段（TM1~TM7），除TM6探测器为四个，其余每组探测器为16个；TM1~TM5和TM7每个探测元件的瞬时视场在地面为30m×30m，TM6为120m×120m。摄影瞬间16个探测器观测地面的长度为480m，扫描线的长度仍为185km，一次扫描成像的地面为480m×185km。半个扫描周期，即单向扫描所用的时间为71.46ms，卫星正好飞过地面480m，下半个扫描周期获取的16条图像线正好与上半个扫描周期的图像线衔接。专题制图仪的太阳遮光板安装在指向地球的一个水平位置上，其上面装有扫描镜。扫描镜周围是驱动机构，该机构控制电子设备及扫描监视器硬件。主镜安装在望远镜轴线的下方，位于光学挡板和二次镜的后面。主镜的后面依次是扫描行改正器、内部校正器、可见光谱检测器、聚焦平面、安装硬件与对准机构。仪器的尾端装有辐射冷却室（内含冷焦平面装配件）、中继镜片和红外检测器。在望远镜上方的一个楔形箱体里装有作为插件的电子设备、多路转换器、电源、信号放大器及各波道的滤波器。专题制图仪的探测器采用带通滤光片分光，滤光片紧贴于探测器阵列的前面。探测器呈错开排列。TM1~TM4使用硅探测器；TM5和TM7各使用16个锑化铟红外探测器，其排列与TM1~TM4相同；TM6使用四个汞镉碲热红外探测器，也成两行排列，制冷温度为95K。

此外，为进行辐射校正，扫描仪内设有白炽灯作为可见光和近红外波段的标准源。TM6的校正源是一个按地面指令控制温度的黑体源。扫描仪中的电子处理器件对全部波段的探测器输出信号进行前置放大、编码和传输。卫星向地面传送数据是通过中继通信卫星进行实时发送，星上不再带磁带记录仪。

②专题制图仪各波段的图像特征。Landsat-4、Landsat-5卫星采用了专题制图仪传感器，其空间、光谱、辐射性能比多光谱扫描仪均有明显提高，使数据质量与信息量逐渐增加。专题制图仪的扫描镜可在往返两个方向进行扫描和获取数据（多光谱扫描仪只能单方向扫描），这样可以降低扫描速率，增加停顿时间，提高测量精度，所以专题制图仪的辐

射分辨率从多光谱扫描仪的 64 个灰度级、128 个灰度级提高到 256 个灰度级，有 7 个较窄的、更适宜的光谱波段。

TM1：波长 0.45~0.52μm，蓝色波段。蓝色波段的短波相当于清洁水的峰值，长波段在叶绿素吸收区。这个波段对水体的穿透力强，对叶绿素与叶色素浓度反应敏感，有助于判别水深、水中泥沙分布和进行近海水域制图等。对针叶林的识别比 Landsat-1~Landsat-3 卫星的能力更强。

TM2：波长 0.52~0.60μm，绿色波段。绿色波段在两个叶绿素吸收带之间，因此对应于健康植物的绿色，与 MSS4（0.5~0.6μm）相关性大；对健康茂盛植物反应敏感，对水的穿透力较强；用于探测健康植物绿色反射率，按“绿峰”反射评价植物生活力，可区分林型、树种和反映水下特征等。TM1 和 TM2 合成，相似于水溶性航空彩色胶片 SO-224，可显示水体的蓝绿比值，能估测可溶性有机物和浮游生物。

TM3：波长 0.63~0.69μm，红色波段。红色波段为叶绿素的主要吸收波段，与 MSS5（0.5~0.6μm）相关性大，反映不同植物的叶绿素吸收、植物健康状况，用于区分植物种类与植物覆盖度。在可见光中，这个波段是识别土壤边界和地质界线的最有利光谱区，信息量大，表面特征经常展现大的反差，大气的影响比其他可见光波段低，图像的分辨能力较好，广泛用于识别地貌、岩性、土壤、植被、水中泥沙流等。

TM4：波长 0.76~0.90μm，近红外波段。近红外波段对绿色植物类别差异最为敏感，这是由于植物细胞结构的控制所致。该波段与植物的反射峰值相对应，是植物遥感识别的通用波段。因此，近红外波段常被用于生物量调查、作物长势测定、农作物估产等重要的农业应用中。

TM5：波长 1.55~1.75μm，短波红外波段。短波红外波段处于水的吸收带（1.4μm、1.9μm）内，对含水量反应敏感，叶面反射强烈地依赖于叶湿度，适用于干旱的监测和植物生物量的确定，可用于土壤湿度和植物含水量调查、水分状况研究、地质研究、作物长势分析等，从而提高了区分不同作物类型的能力，易于区分云、冰与雪。

TM6：波长 10.4~12.5μm，热红外波段。热红外波段来自表面发射的辐射量，根据辐射响应的差别，区分农、林覆盖类型，辨别表面湿度、水体、岩石以及监测与人类活动有关的热特征，进行热测量与制图对于植物分类和收成估算很有用。

TM7：波长 2.08~2.35μm，短波红外波段。短波红外波段为地质学研究追加的波段，由于岩石在不同波段发射率的变化与硅的含量有关，因此可以利用这种发射光谱特征来区分岩石类型，为地质解译提供了更多的信息。该波段处于水的强吸收带，水体呈黑色，可用于城市土地利用与制图、岩石光谱反射及地质探矿与地质制图，特别适用于热液变质岩环的制图。

（4）ETM+。Landsat-7 卫星携带的传感器 ETM+是专题制图仪的增强型，是具有八个波段的扫描式光学成像仪器，ETM+与专题制图仪的波段、光谱特征和分辨率基本相似，主要变化有以下三点。

第一，ETM+增加了分辨率为 15m 的全色波段（PAN），波长范围覆盖 0.52～0.90μm，这一改进有助于提升地面物体的细节捕捉能力。

第二，ETM+在波段 6 的分辨率上实现了显著提升，由原先的 120m 提高到 60m，这一改进显著增强了该波段对地面特征的识别能力。

第三，ETM+的辐射定标误差率小于 5%，相较于 Landsat-5 卫星有所提高。尽管误差率有所提高，但仍保持在较低水平，保证了数据的准确性和可靠性。

（5）陆地成像仪。Landsat-8 卫星携带了两个主要载荷，即运营性陆地成像仪和热红外传感器。该卫星的设计使用寿命为至少五年。

运营性陆地成像仪包括九个波段，空间分辨率为 30m，其中包括一个 15m 的全色波段，成像宽幅为 185km×185km。运营性陆地成像仪包括了 ETM+传感器所有的波段，为了避免大气吸收特征，运营性陆地成像仪对波段进行了重新调整，比较大的调整是波段 5（0.845～885μm），排除了 0.825μm 处水汽吸收特征。运营性陆地成像仪全色波段的波段 8 范围较窄，可以在全色图像上更好地区分植被和无植被特征。此外，本次更新还新增了两个波段：蓝色波段（0.433～0.453μm），该波段主要应用于海岸带观测；短波红外波段（1.360～1.390μm），该波段包含水汽强吸收特征，可用于云检测。近红外波段 5 和短波红外波段 9 与中分辨率成像光谱仪对应的波段相近。

2. 推扫式扫描仪成像

要提升扫描成像系统的性能，一个切实可行的方法是增加探测器的数量。然而，这一措施可能会导致扫描速度降低，并增加每个敏感元上的辐射积分时间，但这种改变能够提高信噪比和空间分辨率。

推扫式扫描成像类似于用扫帚扫地的方式。在这个过程中，线阵列或面阵列探测器作为敏感元件。线阵列探测器在光学焦面上垂直于飞行方向进行横向阵列排列。当飞行器向前飞行并完成纵向扫描时，排列的探测器扫出一条带状轨迹，从而获得目标物的二维信息。光机扫描仪是利用旋转扫描镜逐像元进行采光，而推扫式扫描仪则是通过光学系统一次性获得一条线的图像，然后由多个固体光电转换元件进行扫描。

固体自扫描是用固定探测元件，每个探测元件对应地面的一个顺时像元，通过遥感平台的运动对目标地物进行扫描的一种成像方式。固体自扫描与其他扫描成像的区别是其探测器系统是感光耦合组件，又称电荷耦合器件（charge-coupled device，CCD）。CCD 是一种新兴半导体器件，利用电荷量表示信号，用耦合的方法进行信号传输。如果把 CCD 做成电极数目相当多的一个线阵列或面阵列，就可将其作为一维或二维的成像器件。受 CCD 的光谱灵敏度的限制，只能在可见光和近红外（1.2μm 以内）范围内响应地物辐射的电磁波，对于热红外区没有反应，但如果与多元阵列热红外探测器结合使用，则可使多路输出信号变成一路时序信号，它对电能的强度有响应。

（1）结构与成像原理。SPOT 卫星（地球观测卫星系统）上装载的高分辨率可见光成像装置是一种线阵列推扫式扫描仪，仪器中有两个平面反射镜，将地面辐射的电磁波反射到反射镜组，然后聚焦在 CCD 线阵列元件上，CCD 的输出端以一路时序视频信号输出。由于使用 CCD 做探测器，在瞬间能同时得到垂直航线的一条图像线，不需要用摆动的扫描镜，以“推扫”方式获取沿轨道的连续图像条带。

高分辨率可见光成像装置的平面反射镜可根据指令绕指向卫星前进方向的滚动轴旋转，从而实现不同轨道间的立体观测。平面反射镜向左右两侧偏离垂直方向最大可达 ±27°，从天底点向轨道任意一侧可观测到 450km 附近的景物，两台高分辨率可见光成像装置可观测到轨道左右两侧（950±150）km 范围之内的地面目标。每台高分辨率可见光成像装置的观察角最多可分 91 级，级间间隔为 0.6°，这样在邻近的许多轨道间都可以获取立体图像。在倾斜作业中，几何透视及距离的改变使得地面的成像宽度由天底点的 60km 增加到最大偏移时的 80km。在赤道附近，可分别在 7 条轨道间进行立体观测。由于轨道的偏移系数为 5，所以相邻轨道差 5 天。换言之，如果第 1 天进行了垂直地面观测，则第一次立体观测要到第 6 天实现。随着纬度增加，轨道间距变小，因此重复观测的机会增多。此外，通过在不同轨道上对同一地区进行重复观测，我们不仅可以建立立体模型并进行立体量测，更重要的是可以获取多时相的图像数据。通过对这些图像信息的分析，我们可以提取出它们的时间特征，进而监测地表的动态变化。这种多时相的观测方式为我们提供了一个全面、深入的了解地表变化的机会，有助于我们更好地理解和预测地表的未来发展趋势。

（2）SPOT 卫星的图像特征。

①SPOT-1～SPOT-3：SPOT-1～SPOT-3 卫星上的传感器高分辨率可见光成像装置分成两种形式，即多光谱（XS）高分辨率可见光成像装置和全色高分辨率可见光成像装置。多光谱高分辨率可见光成像装置每个波段由 3000 个 CCD 元件组成，每个元件形成的像元相对地面大小为 20m×20m，即空间分辨率为 20m，每个像元用 8bit 对亮度进行编码；全色高分辨率可见光成像装置用 6000 个 CCD 元件组成一行，每个像元对应地面大小为 10m×10m，即空间分辨率为 10m，由于相邻像元亮度差很小，因此只用 6bit 进行编码。

0.51~0.73μm 为全色波段，空间分辨率较高，为 10m；0.50~0.59μm 为绿色波段，波段中心位于叶绿素反射曲线最大值（即 0.55μm）处，对于水体浑浊度评价及水深10~20m以内干净水体的调查是十分有用的；0.61~0.68μm 为红色波段，位于叶绿素吸收带，与 MSS5（0.5~0.6μm）及 TM3（0.63~0.69μm）相关性大，受大气散射的影响较小，为可见光最佳波段，用于识别裸露的地表、植被、土壤、岩性地层、地貌现象等；0.79~0.89μm 为近红外波段，能够很好地穿透大气层，在该波段，植被表现得特别明亮，水体表现得非常黑。

②SPOT-4：SPOT-4 卫星的传感器为高分辨率可见光红外成像装置和一台专用于地表植被分析研究的仪器。

高分辨率可见光红外成像装置是高分辨率可见光成像装置的改进型，具体的改进有以下两点：首先，在高分辨率可见光红外成像装置中增加了一个波长为 1.58~1.75μm、空间分辨率为 20m 的短波红外波段，对水分、植被比较敏感，常用于土壤含水量监测、植被长势调查、地质调查中的岩石分类，对于城市地物特征也有较强的突显效应。其次，原 10m 分辨率的全色波段改为 0.49~0.73μm 的红色波段。这样，高分辨率可见光红外成像装置共有 4 个波段、2 种分辨率。

专用于地表植被分析研究的仪器是一台高辐射分辨率、空间分辨率为 1km 的宽视场扫描仪，其波段与范围基本上与高分辨率可见光成像装置相同，主要用于监测全球耕地、森林和草地的状态。此外，它还有一个 B0（0.43~0.47μm）波段，主要用于海洋制图和大气校正。红波段和近红外波段的综合使用对植被和生物的研究是相当有利，全色数据可与多光谱数据配合使用。

③SPOT-5：SPOT-5 卫星上搭载了三种传感器，除了前几颗卫星的高分辨率几何装置和专用于地表植被分析研究的仪器外，还有一台高分辨率立体成像装置。与SPOT-1~SPOT-4 卫星相比，SPOT-5 卫星的空间分辨率几乎提高了一个数量级，最高可达 2.5m；以前后模式实时获取立体像对在运营性能上也有了很大的提高，在数据压缩、存储和传输等方面也有显著的提高。

SPOT-5 卫星搭载两个高分辨率几何装置，其中专用于地表植被分析研究的仪器与 SPOT-4 卫星相同，每台高分辨率几何装置拥有两幅全色图像、一幅多光谱图像，以及一幅短波红外波段图像。全色光图像的空间分辨率为 2.5m，多光谱图像的空间分辨率为 10m，短波红外波段图像的空间分辨率为 10m，图像幅宽为 60km。另外，高分辨率立体成像装置专为制作数字高程模型而设计，其拍摄范围为 120km×600km。与以前的卫星一样，每台高分辨率可见光红外成像装置都能偏转一定的角度，使得卫星能在每五天内重访同一地点，而且星上处理能力增强。高分辨率立体成像装置用两台相机沿轨道成像，一台向前，一台向后，实时获取立体图像。与 SPOT 系列前几颗卫星的旁向立体成像模式和轨道间立体成像相比，SPOT-5 卫星几乎能在同一时刻以同一辐射条件获取立体像对，避免了像对间由于获取时间不同而存在的辐射差异，提高了立体像对获取的成功率，在制图、虚拟现实等许多领域得到广泛应用。SPOT-5 卫星上的每个传感器只有一个线阵列，而 SPOT-1～SPOT-4 卫星则有四个，简化了焦平面的设计，使将来更容易添加波段。B1、B2、B3 波段使用包含 12000 个 CCD 元件的传感器，全色图像则使用两台包含 12000 个 CCD 元件的传感器来获取。SPOT-5 图像极高的分辨率要求数据传输速率要有明显的提高，SPOT-5 卫星设计的数据输出速率是 128Mbit/s。

（二）摄影成像原理

摄影是通过成像设备获取物体图像的技术。传统摄影依靠光学镜头及放置在焦平面的感光胶片记录物体图像。数字摄影则通过放置在焦平面的光敏电子器件（如 CCD 探测元件），经光/电转换，以数字信号记录物体的图像，当今摄影成像传感器多数为 CCD 数码摄影机。摄影机按工作方式和记录方式又可分为单镜头分幅摄影机、多镜头分幅摄影机、航带摄影机和全景摄影机等。摄影成像常用于航空摄影，用于航空摄影的相机也叫航测摄影机。

1. 单镜头框幅式的摄影成像

早期的摄影成像是根据卤化银物质在光照下会发生分解这一机制，将卤化银物质均匀地涂布在片基上，制成感光胶片。摄影时，通过镜头将地面物质反射或发射的电磁波聚焦成像在感光胶片上，称为曝光。曝光后的感光胶片形成像，经摄影处理（显影、定影）后显示图像。观察两幅黑白摄影图像，其黑白程度是由摄影处理过程中金属银聚集密度大小决定的，密度越大，图像越黑，密度越小，图像越白。黑和白的变化与地物反射或发射电磁波强弱有密切关系，而且其变化是逐渐过渡的，这种图像是典型的遥感模拟图像，受胶片感光能力局限的影响，摄影成像的工作波段为 0.29～1.40m。不同的应用目的可以采用不同的胶片，可以有黑白的或彩色的。获取这种模拟图像的方式也常叫框幅式摄影成像，常用的相机是单镜头框幅式摄影机。

单镜头框幅式摄影机是一种历史悠久且应用广泛的摄影设备。例如，徕卡 RC30 框幅式光学航空摄影机，其自动曝光光谱范围为 400～1000nm。这种摄影机的结构包括物镜（镜箱）、光圈、快门、暗箱及检影器等主要部件。此外，还配备了座架及其控制系统、减震设备、压平装置，有的还配备像移补偿器，以减少像片的压平误差与摄影过程中的像移误差，这种摄影机在各种应用场景下都有出色表现，为摄影技术的发展做出了重要贡献。

随着计算机技术和微电子技术的不断进步，图像获取的设备和材料发生了深刻的变革。基于 CCD 的固态摄影机应运而生，彻底摒弃了传统的胶片成像方式，这种摄影机生成数字图像或视频信号，这些信号可以直接输入计算机进行实时快速地处理。

对于传统的摄影成像方式，通常使用胶卷或胶片等感光材料来记录图像。然而，对于 CCD 固态摄影机（也称为数码摄影）而言，这一过程是一个光电转换过程。在这个过程中，图像传感器——CCD 或互补型金属氧化物半导体被用作“感光”材料。这些传感器将光学信号转化为模拟电信号，然后经过模数转换后记录在图像储存卡上。因此，随着技术的进步，图像获取的方式和材料发生了革命性的变革。基于 CCD 的固态摄影机已经成为现代摄影领域的重要工具，它不仅提高了图像质量和处理速度，还为摄影艺术带来了更多的创新和可能性。

2. 多镜头分幅式的摄影成像

由于用单镜头分幅式摄影机拍摄的照片或图像具有较宽的波段响应范围（全色波段 0.3~0.7μm），因此在此波段范围内的地物对不同波长电磁辐射的不同反射将无法在一幅照片上得到体现。为了得到地物对不同波长电磁辐射的反射特征，在航空摄影时人们也常使用多镜头分幅式摄影机。用于多镜头分幅式摄影成像的航空数码相机主要以两种方式发展：一种是基于线阵列传感器的方式，代表产品有徕卡 ADS40；另一种是基于面阵列传感器的方式，代表产品有中国的 SWDC 等。

（1）数字成图相机。数字成图相机是德国 Z/I 公司推出的新一代面阵列航空数码相机，由 4 台黑白图像的全色相机和 4 台多光谱相机组成，摄影时相机同时曝光。4 台相机倾斜安装，互成角度，图像间有 1%的重叠度，提供给用户的是经过辐射与几何校正的拼接而成的图像。

（2）UCD 航空相机。UCD 航空相机是 Vexed 公司推出的面阵列航空相机，由 8 个独立的相机构成（4 台全色相机和 4 台多光谱相机）。但摄影时，是先后顺序曝光。

（3）SWDC 航空相机。SWDC 航空相机是我国拥有自主知识产权的研究成果，作为航空遥感的重要技术手段，填补了国内空白。SWDC 航空相机主体由 4 个高档民用相机（单相机像素为 3900 万，像元大小为 6.8μm）组成，经外视场拼接而成。该相机集成了 GPS 和自动控制等关键技术。

（三）成像光谱仪的成像原理

1. 成像光谱技术

多波段扫描仪通常将可见光和红外波段分割成若干个波段，这些波段的数量可能达到十几个。在遥感应用中，被分割的波段数越多，即光谱采样点越多，就越能接近地物的连续光谱曲线。因此，这种技术可以使扫描仪在获取目标地物图像的同时，也能获取该地物的光谱组成。这种既能成像又能获取目标光谱曲线的“谱像合一”技术，称为成像光谱技术。

成像光谱技术将成像技术与光谱技术结合在一起，对目标对象的空间特征进行成像的同时，对每个空间像元进行色散，形成几十个乃至几百个非常窄的、连续的光谱波段，覆盖了可见光、近红外、中红外和热红外区域全部光谱带，这种技术使得图像中的每一像元都能得到连续的反射光谱曲线。按照这种原理制造的扫描仪称为成像光谱仪。高光谱成像光谱仪是新技术，其光谱分辨率相较于多光谱扫描仪有显著提高，实现了遥感定量研究。

成像光谱就是在特定光谱域以高光谱分辨率同时获得连续的地物光谱图像，这使遥感应用可以在光谱维上进行空间展开，定量分析地球表层的生物、物理、化学过程与参数。成像光谱仪的主要性能参数是：①噪声等效反射率差，体现为信噪比；②瞬时视场，体现为空间分辨率；③光谱分辨率，直观地表现为波段多少和波段宽度。

成像光谱信息的图像处理模式的关键技术有：①超多维光谱图像信息的显示，如图像立方体的生成；②光谱重建，即成像光谱数据的定标、定量化和大气校正模型与算法，依此实现成像光谱信息的图像——光谱转换；③光谱编码，尤其指关于光谱吸收位置、深度、对称性等光谱特征参数的算法；④基于光谱数据库的地物光谱匹配识别算法；⑤混合光谱分解模型；⑥基于光谱模型的地表生物、物理、化学过程与参数的识别和反演算法。

成像光谱遥感起源于地质矿物识别填图研究，逐渐扩展为植被生态、海洋海岸水色、冰雪、土壤及大气的研究。

2. 成像光谱仪的原理

成像光谱仪基本上属于多光谱扫描仪，它是在扫描成像的基础上加了一台色散装置。二代成像光谱仪安装了以线阵列探测器为基础的光机扫描型，有以面阵列探测器为基础的固态推扫型，也有以面阵列探测器加光机的并扫型。

（1）面阵列探测器加推扫式扫描仪的成像光谱仪。这种成像光谱仪采用推帚式扫描成像方式，属推扫式成像。它利用线阵列探测器进行扫描，利用色散元件将收集的光谱信息分散成若干个波段后分别成像于面阵列探测器的不同行。这种仪器利用色散元件和面阵列探测器完成光谱扫描，利用线阵列探测器及其沿轨道方向的运动完成空间扫描，具有分辨率高等特点。

（2）线阵列探测器加光机扫描仪的成像光谱仪。这种成像光谱仪采用机械扫描反射镜成像和线阵列探测器元件接收各波段像元辐射，属摔扫式成像。它利用点探测器收集光谱信息，经分散元件后分成不同的波段，分别成像于线阵列探测器的不同元件上。通过点扫描镜在垂直于轨道方向的面内摆动及沿轨道方向的运动完成空间扫描，而利用线探测器完成光谱扫描，线阵列中探测器件的个数与光谱数相同。

二、遥感技术模块

遥感技术具有多点位、多波段、多时相、多高度的信息获取方式和增强、融合、变换等遥感数字图像处理的特征，能全天候、全天时、多角度地监测地表地物信息。以下主要探讨遥感技术在不同地表地物下的工作原理与监测结果。

（一）水体与植被遥感

1. 水体遥感

（1）水体光谱特征。在黑白遥感影像上，水体的纹理较均匀，但色调较复杂，这与水体的深浅、含沙量、受污染的程度、河流的流速等因素有关。一般情况下，水体越深，色调越深；水体越浅，色调越浅；水体含沙量越大，色调越浅；水体受污染的程度越重，色调越深；静止的水体色调相对较深，湍急的河流色调相对较浅。在彩红外遥感影像上，水体主要通过颜色及纹理来判别。水体一般呈蓝色，受污染较重的水体呈黑色，含沙量大的河流呈浅绿色。在航空遥感影像上，水域呈灰色或深色调，且色调均匀，纹理致密，水陆界线也较明显。

对水体来说，水的光谱特征主要是由水本身的物质组成所决定，同时又受到水的各种状态的影响。在可见光波段 0.6μm 之前，水的吸收少、反射率较低、大量透射。其中，水面反射率约 5%，并随着太阳高度角的变化呈 3%～10%不等的变化。水体可见光反射包含水表面反射、水体底部物质反射及水中悬浮物质（浮游生物或叶绿素、泥沙及其他物质）反射三方面的贡献。对于清水，在蓝绿光波段反射率为 4%～5%，0.6μm 以下的红光部分反射率降至 2%～3%。在近红外、短波红外部分，几乎吸收全部的入射能量，因此水体在这两个波段的反射能量很小。这一特征与植被和土壤光谱形成十分明显的差异，因而在红外波段识别水体是较容易的。

（2）水深与水体光谱的关系。水体的透光性能可以用水深来反映，它是由衰减长度来衡量的。衰减长度是表示水中能见度的一个量度单位，一个衰减长度被定义为向下辐照度等于表面辐照度的 1/e（或 37%）长度。水体本身的光谱特性是与水深相关的。清澈水体随水深的增加（0→0.2→2→20m），其光谱特征发生变化，即阳光透入清水的光谱特征，近水面的曲线形态近似于太阳辐射，但随着水深的增大，水体对光谱曲线的影响增大。在水深 20m 处，由于水体对红外波段光的有效吸收，近红外波段的能量消耗殆尽，仅保留了蓝、绿波段能量。因此，以蓝绿波段研究水深和水底特征是有效的。

光对水的穿透能力除了受波长的影响外，还受到水体浑浊度的影响。随着水中悬浮物质含量（浑浊度）的增加，反射率明显增强，透射率明显下降，衰减系数增大，光对水的穿透能力减弱，最大透射波长（即最大穿透深度的波长）向长波方向移动。

对于清水，光的最大透射波长为 0.45～0.55μm，其峰值波长约 0.48μm，位于蓝绿波长区。水体在此波段散射最弱，衰减系数最小，穿透能力（即透明度）最强，记录水底底部特征的可能性最大。在红光区，由于水的吸收作用较大，透射相应减小，仅能探测水体浅部特征；在近红外区，由于水的强吸收作用，仅能反映水陆差异。正因为不同波长的光对水体的透射作用和穿透能力不同，所以水体在不同波段的光谱信息实际上反映了不同厚度水体的信息特征，包含了“水深”的概念。

实际上，影响光线入水深度的因素很多。除了波长、水体浑浊度外，还与水面太阳辐照度、水体的衰减系数、水体底质的反射率、海况、大气效应等有关。试验证明，遥感图像数据所能显示的水深信息、入水深度要比理论推算的大，而且与水深实际测量值的相关程度往往随泥沙含量的增加而增大。这说明，水中泥沙虽减少了太阳光的入水深度，但同时又从水动力作用关系上，通过地形与悬浮泥沙的分布运动来传递部分水深信息，这在河口附近的浅海区尤为明显。此外，水体的光谱特征还与水面粗糙度有关。平静光滑的水面仅有反射辐射部分的能量进入传感器，而粗糙的波浪水面有表面反射和体反射两部分能量进入传感器，因此后者比前者亮度更高。

（3）水体信息遥感提取

①单波段阈值法。利用水体在近红外波段上反射率较低、易与其他地物区分的特点，通常选取单一波段即近红外波段，通过反复试验，确定一灰度值作为区分水体与其他地物的阈值，根据这一阈值进行水体提取的方法称为单波段阈值法，这一方法漏提的水体非常少，即使漏提，利用目视判读也难以判读出来；但同时，该方法所提取的水体中有一部分并非真正的水体，而是山区阴影。

②谱间关系法。根据水体独特的谱间关系特征进行水体提取的方法称为谱间关系法。

利用该方法漏提的水体较少，同时多提的山区阴影也较少，因此这种方法提取的水体较为准确。另外，还有其他方法，如比值法。比值运算是通过不同时期的两个影像的比值运算融合处理，发现影像中的变异色调，这些变异色调可能为两个时段的变化，可以对其进行检测，以判断变异的真假和类型。

③迭代混合分析方法。迭代混合分析方法是对由阈值法得到的数据先进行水体与山区阴影的分离，得到含有山区阴影的水体和含有水体的山区阴影。对两部分数据进行分离，然后对得到的山区阴影部分、水体部分分别合并，再对合并后的两部分数据进行分离，对得到的山区阴影部分、水体部分分别合并。再分离、合并，不断重复，直到得到满意的水体数据为止。分离的基本原则是根据典型区采样点数据，经过多次反复试验由粗略分离到逐步细化。

2. 植被遥感

（1）植物光谱特征。植物光谱特征取决于植物叶片的物理结构。植物光谱特征可概括为：在可见光波段有两个吸收带、一个窄反射峰，在近红外波段存在宽反射峰，在短波红外波段有三个强吸收带。这些特征谱带的形成机理取决于植物叶片的物理结构：上表皮层及其下的栅栏组织的叶绿素成分决定了其可见光光谱特征，内部的海绵组织决定了近红外强光反射光谱特征，植物的含水性决定了短波红外的光谱特征。

①植物可见光光谱特征。植物可见光光谱特征主要由植物叶片的各种色素，尤其是叶绿素的电磁辐射作用决定。两个吸收带分别为0.45μm蓝波段及0.67μm红波段的叶绿素强烈吸收谱带（大于90%），形成吸收谷。在这两个吸收谷之间（0.54μm附近），形成绿色窄反射峰（10%~20%）。

②植物近红外光谱特征。植物近红外光谱特征主要由植物叶片内部的细胞结构决定。在近红外波谱区间，植物叶片的反射能力及透射能力相近（45%~50%），而吸收能力很低（小于5%）。在0.74μm附近，其反射率急剧增加，形成波谱曲线上的陡升特征。绿色植物在近红外谱段内（0.74~1.3μm）形成一个宽反射峰。由于植被类别间叶子的内部结构变化大，故植物在近红外谱段的反射差异要大于在可见光谱段。因此，在林业遥感调查与农业遥感调查中，可运用植被近红外谱段内的反射率来区分不同的植被类型。

（2）矿区植被遥感动态监测。以卫星遥感影像作为信息源，可以为露天矿区的土地复垦和生态重建提供由主观到客观、定性到定量、静态到动态、宏观到微观的技术支持。以某矿区为例，探讨矿区植被遥感动态监测。

①数据来源。根据露天矿区时空演变的特点和研究内容，首先应该选择高分辨率的遥感影像，其次是选择具有代表性的不同时相的遥感数据，而且图像质量必须满足一定的要

求，应选择较稳定的数据。本案例选择的遥感数据源为多期中分辨率 LandsatTM 数据，其中 TM 数据从国际科学数据服务平台下载。

②数据预处理。案例使用的影像为 TM 影像，它们都经过系统辐射校正和地面控制点几何校正，并且通过数字高程模型进行了地形校正。因此，多期 TM 影像具有相同的分辨率和坐标系统，使得对比研究可以实现。只需要对原始数据进行裁剪，以矿山界区坐标点为参照，利用 ENVI 软件的 Subsize 功能确定研究区的边界范围，多幅影像进行相同的工作，为下一步研究作好数据准备。

选取处理好的多期 LandsatTM 影像数据来估算矿区植被近 10 年的动态变化过程。为了得到更好的研究效果，每期影像的年代跨度不超过三年，最小为一年。影像采用 7、4、3 波段的假彩色合成，绿色植物被突出显示。

通过影像的目视对比，可以看出矿区近 10 年间的植被动态变化趋势，植被面积（图像上绿色区域）逐年变大，植被区域的颜色（绿色）更加明亮，采矿区的面积区域范围（图像上深色区域）也同样变大。

（二）矿山与地质遥感技术

1. 矿山遥感技术

（1）矿山遥感概述。

①矿山生态环境特点。矿区是由自然及社会众多要素组成的结构复杂、功能综合的人工生态大系统。为了解决矿区所面临的生产和环境问题，必须将遥感手段与其他手段结合起来进行综合研究。矿区生态系统的遥感调查方法与自然生态系统、城市生态系统有很大的差异性，主要表现为：

矿区地表除自然环境外，还有各种矿山地面设施、材料堆放场、煤炭开采引起的地表破坏等。在矿区内，有水泥地、沥青地、煤堆等，其光谱特性与天然的植物、水、土壤、岩石等的光谱特性有较大差异，具有典型的非均质性。不同于城市环境，矿山与其周围环境具有相对独立性。因此，矿山的各种地物及其类型的轮廓明显、边界清晰，从而有利于提高判读质量和成图精度。

矿区范围一般仅有数百至上千平方千米，对这种相对较小的区域，要求传感器具有较高的分辨率。目前主要使用分辨率较高的航空遥感成像技术进行矿区遥感调查。高分辨率的卫星遥感图像资料获取十分困难，尚难以完全替代航空遥感，往往只能作为补充。在今后几年内，1~2m 分辨率的资源卫星遥感图像逐渐积累，并将覆盖全球，这将给矿区环境研究提供重要的信息源。

由于矿区工业生产的特殊性，大量的废气、烟尘、尘埃排入大气，增加了大气的浑浊度，衰减了太阳辐射，减小了地物的辐射亮度，故大气污染对矿区遥感的影响应给予充分的估计。

矿区是典型的人工生态系统与自然生态系统的综合。在对矿区遥感时相进行选择时，不仅要考虑太阳高度角的变化对矿区要素光谱响应的影响，也要充分考虑社会要素的影响。

②矿山遥感的方法。由于航空遥感具有灵活、方便、适用于专题遥感研究的优点，可根据研究内容，灵活选择一定空间、时间和波谱分辨率的遥感信息。利用航空遥感数据，采集和利用地面常规环境监测数据及其他各种采矿、地质勘探、社会、经济等资料，应用目视图像判读和计算机数字图像处理以及地理信息系统等先进的技术手段，进行多信息复合及综合分析评价，以图像为载体，提取矿区环境质量、土地利用、陷落柱和古窑等信息。

（2）矿区地面塌陷的遥感调查。煤炭及其他矿产资源的开采破坏了上覆岩层的稳定性，形成破碎、垮落，导致地表下沉、塌陷。当开采面积达到一定范围之后，起始于采场附近的移动和破坏扩展到地表，造成地表移动、变形和破坏。当采矿引起的移动与破坏稳定后，按岩层破坏程度的不同，岩体内大致形成三个不同的开采影响带，即冒落带、裂隙带、弯曲带，简称“三带”。

不同的地质结构模型、地质采矿参数，将诱发不同类型的塌陷。遥感图像能快速、周期性地提供塌陷区的大量有关信息，根据对典型矿区地面塌陷的调查和分析，总结出地面塌陷的表现形式。遥感识别采矿形成的地面塌陷是在分析含矿地层分布特征和开采状况的基础上进行的。利用遥感图像对塌陷坑、地裂缝、地面塌陷等直接标志及地表污染、居民地变迁、地表水系改变、植被和土地利用类型变化、道路改线等间接标志的识别，可以确定地面塌陷的范围。

①地面塌陷表现形式。地面塌陷表现形式主要有塌陷盆地、塌陷坑、裂缝及滑波与崩塌。

一是，塌陷盆地。当采空区影响到达地表以后，在采空区上方的地表形成一个比采空区大得多的洼地，这种洼地称为塌陷盆地。在开采急倾斜煤层中，当采深与采厚的比值较大时，地表可能出现一种台阶状平底塌陷盆地。平原地区沉降的特殊危害是地面形成槽形移动盆地，改变了地表水、地下水的流向，加上矿井排水在塌陷区内形成常年或季节性积水，使土地完全不能耕种。沉降幅度较大的沉降中心附近往往形成积水坑塘和沼泽地，其遥感影像特征明显，呈现蓝黑色色调，表面平滑，呈圆形和椭圆形，边界形态清晰。对比不同时相的遥感图像，可以分析积水坑塘的发展和治理情况。

二是，塌陷坑。塌陷坑比塌陷盆地规模小，一般多出现在开采急倾斜煤层时。若出现某种特殊的地质采矿条件，就有可能出现塌陷坑。塌陷坑按其形状分为漏斗塌陷坑和槽型塌陷坑两种形式。山区地面塌陷形成的塌陷坑多为圆形或椭圆形，一般没有与其连接的道路，这是有别于其他采矿活动的重要特征。

三是，裂缝。裂缝是采空区地面塌陷的常见形式。塌陷裂缝一般长几米至几百米，宽几厘米至数米。根据裂缝两侧的错落特点，又可进一步区分为正台阶状裂缝、负台阶状裂缝、无明显错落裂缝三种。正台阶状裂缝倾向与坡向一致，负台阶状裂缝倾向与坡向相反。裂缝大体平行排列，台阶高度一般为几厘米至 1m。与采矿活动有关的地裂缝分为两类：地面沉降裂缝和滑坡裂缝。地面沉降裂缝是因地下采空或过量开采地下水引起地面沉降，导致岩土体开裂而形成；滑坡裂缝是因斜坡滑动造成地表开裂而形成。在遥感影像上，地裂缝呈暗色线状，是地形突变引起光谱差异所致，有平行排列型、折线型和蠕虫型，规模较大的宽数米、长几百米。

地裂缝与其他线状地物相比有一定区别，具体有以下三种表现。一是，地裂缝具有一定的形态特征，如直线型地裂缝的裂缝平直，延伸方向稳定，而曲线型的裂缝呈弧形弯曲，大多数由工作面的一侧延伸至另一侧。二是，地裂缝的走向一般与地形地貌单元走向不一致，并可能切穿不同的地形地貌单元。三是，地裂缝走向与农业耕作方向不一致，属非人工所为。地裂缝在植被覆盖度较低的地区遥感图像很容易识别，在植被覆盖较高的平原区不易识别，所以在使用遥感数据时应选用植被覆盖度低时段的遥感图像。

四是，滑坡与崩塌。由采矿引起的滑坡、崩塌是山区地表移动中最为严重的一种非连续滑动破坏。在陕北等地的黄土梁峁区，常表现为黄土崩塌和黄土崩滑。地面沉降往往诱发崩塌等地质灾害，特别是在黄土覆盖区。一般来说，黄土能形成比较稳定的斜坡而不易崩塌，黄土区能见到许多直立的黄土柱，多年不坠。但是，地面沉降很容易使黄土垂直节理形成的边坡稳定性受到破坏，产生众多崩塌。所以，崩塌在一个区域内突然增多是地面沉降的典型标志之一。

②地面塌陷遥感调查。对于地表塌陷区的动态扩展研究，最有效的遥感调查方法是利用矿区的多时相航空遥感图像进行叠合分析。将所有图像进行几何匹配，并从各时相图像中各抽取一个波段分别赋予不同的颜色，组成假彩色多时相匹配图像，可清晰地表示不同时期的塌陷区形态。由此，结合地下煤炭开采的地质、采矿条件，可以总结出塌陷区的动态发展规律。

塌陷积水区在黑白像片上呈现为深灰-灰黑色调，而在彩红外像片上则为深黑色，边界清晰可辨。积水的深浅在彩红外像片上表现为不同的色调，通过图像分析和实地采样，可以圈定不同的积水类型和深度。通常将这种积水区分为四种类型：深水区、浅水区、沼泽区和浸润区。非积水塌陷区的塌陷边界、形态也可从彩红外像片上提取。将提取的有关信息、数据转绘到地形图或地理图上，可以编制成有关塌陷区状况的专题图，利用计算机或电子求积仪还可以求算各类塌陷区的面积。这些图件和数据资料是制定塌陷区治理方案的重要基础资料。

（3）矿山遥感光谱增强

用于矿山监测的图像应具有良好的可解译性。光谱信息增强对应于每个像元，与像元的空间排列和结构无关，主要对目标物的光谱特征、像元的对比度、波段间的亮度比进行增强和转换，达到提高图像的可解译度的目的是矿产资源调查与监测工作的重要步骤。

（4）矿山遥感空间增强

图像融合将不同信息源提供的信息加以综合，消除多传感器信息之间可能存在的冗余和矛盾，改善遥感信息提取的可靠性，提高数据的使用效率。

锐化增强的作用在于提高边缘灰度值的变化率，使界线更加清晰。遥感图像的空间信息主要是由不同像元之间的空间位置关系、组合或排列的形态、方向、规模及出现的频率决定的。因此，在空间信息增强处理中，同时参与运算的不是一个像元的多波段向量，而是每个正在处理的像元周围的若干像元，甚至整个图像。

锐化增强主要是为了补偿传感器系统造成的高频信息损失，相对增强不同亮度区域之间的边界或者线状地物。锐化增强工作主要由增强算子完成。算子即一个可以用于运算的模块，这个模块一般可以增强一个方向的边缘或线条。要得到不同方向的组合，可以把不同方向的增强结果叠加起来。一个线条相当于相邻的两条平行的边缘，因而增强边缘的算子也会同时增强线条。边缘增强可分为方向拆分法、梯度法、盒式滤波法等。

2. 地质遥感

（1）遥感图像的地层解译。遥感图像的地层解译是指在沉积岩岩性解译的基础上，对工作区出露的岩层进行归并和划分，确立遥感地层单位，并根据它们的新老关系和空间组合关系，建立相对层序的概念，参考有关地层划分资料确定其地质时代，最终完成沉积岩区的地层解译和填图工作。遥感图像的地层解译和分析包括：确定遥感地层单位和地层层序，建立遥感地层单位的解译标志，研究各时代地层及地质体之间的接触关系，进行沉积相带的划分研究。

①影像地层学。影像地层学①是基于岩石组合与层序之间的空间关系，运用图像的多级识别方法，从岩性划分到层序合并、从细到粗归并、从粗到细分解的逐级、逐步解译分析，将影像岩石地层划分方法与区域地层分析结合起来进行，域地层填图的方法。

影像地层学的图像基本信息包括：岩石波谱差异信息、岩石地貌及微地貌组合差异信息、岩石景观构图信息、影像层理构造信息、岩层层位信息、岩层产状信息、岩层组合信息、层序模式信息、标志层信息及接触关系信息。影像地层学的解译原则是：以遥感图像信息为基础，参考区域地层资料，结合岩石地层解译标志，进行区域地层对比和划分。影像地层学图像解译的基本信息包括层理构造、岩层产状、纹理结构、层位结构、景观结构等五类信息。

②影像地层的解译标志。地层单元的综合解译标志是在基本图像信息、地层单元标志层和遥感地层剖面研究的基础上对研究区影像地层在横向和纵向的对比与综合的结果。建立地层解译综合标志是遥感地质工作的一个关键环节，它直接影响解译效果和遥感填图精度，所以要结合野外踏勘及实测的地层剖面资料，将区域地层的岩性组合、图像色调、地形地貌、冲沟水系、土壤植被等标志及其变化规律进行系统的总结和综合分析，基于研究区已知的地层层序来建立影像地层的图像识别和解译标志。影像地层的综合解译标志主要包括影像色调、影像纹理、微地貌、区域地貌及其他类型标志。

一是，影像色调。影像色调包括能够反映地层划分依据的所有色调差异信息，如不同岩类的色调差异；与岩性相关的覆盖类型的色调差异；互层岩石单元的色调纹理；与岩石形变有关的色调差异等。

二是，影像纹理。影像纹理是指不同岩性构成的影像纹理图案，其差异性具有影像地层划分意义，如细纹型、细麻点型、粗杂斑型、细杂斑型、光滑型、粗糙型、曲纹理型、交叉纹理型等。

三是，微地貌。微地貌特点与岩石地层图像形态特征关系密切。微裂隙构造标志包括岩石的原生节理、区域节理、各类构造裂隙等，都与岩石的力学变形习性有关，可以构成地层解译标志；灰岩的菱形网格状共轭节理及裂隙、玄武岩的柱状节理、砂岩的平行栅栏式裂隙等，如陡崖、陡坡、缓坡、平台的连接关系及其形态特征可显示地层组合关系，而坡折线、坡地的台阶状结构形态标志等也与地层界线划分相关；陡坎的级数和间距与陡坎前线缘微地貌形态等标志带可作为地层划分的标志层。

四是，区域地貌。区域地貌形态主要有岩溶地貌形态组合、层状岩层的单面山形态组

---

① 影像地层学是基于遥感图像沉积岩解译，从大尺度上分析地层剖面结构及其分布规律的一种地层分析手段。

合、碎屑岩的山脊线组合等，还包括影像岩层三角面的几何形态与结构差异，如互层状岩层三角面标志、水平岩层的层理结构差异、薄层状岩层的标志等。

五是，其他标志。其他标志主要有水系、土地及与人类活动相关一些标志。水系标志有水系类型、形态样式、冲沟方向性、冲沟密度等水系结构要素及结构性标志。土地标志主要有地理景观标志、土壤类型标志、土地利用样式标志、植被类型与覆盖密度标志等。人类活动相关的标志主要有露天采坑的形态和规模、矿山场地的分布特征等人工标志。

（2）遥感地质找矿。

①遥感找矿。矿床是发生在地球局部区域（带）的地质现象。矿床在生成、演化的过程中其成矿条件表现为地质演化过程中的地质异常事件，也就是说，矿床与地质体的各种异常属性相关联。遥感地质找矿的目的就是采用目视解译或数字图像处理等多种方法，从遥感影像中通过增强提取出这些矿化异常信息。

遥感地质找矿以岩石和矿物的电磁波特征发射谱带作为提取岩石蚀变带信息的理论基础，利用多元数据统计分析方法，通过数学建模和最佳变量的选择，运用各种数学方法和图像增强手段，逐步从遥感信息中剔除干扰因素，最终提取出矿化异常信息，是通过遥感图像研究图像找矿标志及成矿地质条件，并从中提取矿化信息和控矿因素，从而发现找矿靶区的一种技术手段。遥感找矿属于高度综合性的找矿方法，必须与矿床学原理和野外地质工作紧密结合，才能获得丰富可靠的资料和正确的结论。

②遥感找矿工作模式。遥感找矿基本工作模式可分为以下五种。

一是，从已知到未知建立遥感找矿模式。通过已知矿产地的遥感矿产地质解译来总结找矿标志，建立遥感找矿的矿床地质图像模式。

二是，成矿远景遥感预测工作模式。运用遥感图像的各种地质异常信息，对区域成矿远景进行预测，特别是急缺矿种和重点矿带的遥感专题研究，其工作目标是发现成矿远景地段、遥感找矿线索，获取成矿地质条件的新认识。

三是，就矿找矿工作模式。研究从古矿冶遗址到就矿找矿、从高光谱蚀变岩图到成矿靶区预测、从已知矿床构造分析到建立遥感构造找矿模式的矿床预测遥感信息模型。

四是，多元信息遥感找矿模式。基于地球物理、地球化学、放射性航测数据与已知矿床和矿点及蚀变岩数据，总结各种矿床的地学多元信息标志及其异常机理，建立多元信息找矿模型，包括：①多元信息找矿标志；②多元信息矿床矿化点证据叠合标志；③基于地学多元统计建立综合找矿预测方法与成矿靶区空间定位方法。

五是，区域成矿新理论工作模式。如基于深源岩浆热动力中心理论，对大型或超大型矿床、高品位富矿、多组分复合矿床进行区域成矿带的空间分布规律进行研究，对多成矿期重叠及密集成群的集矿区成矿规律进行系统研究，探索新的成矿理论。

（3）遥感找矿标志。遥感图像找矿标志主要有原生矿体露头、矿体氧化露头及铁帽、旧矿遗迹、围岩蚀变、受矿床金属元素影响或毒害的植物找矿标志等。

高光谱遥感的光谱分辨率可达 100nm 或更高，它可以获取地表物质高分辨率的光谱数据，具有“图谱合一”的特性，对遥感图像地学目标的分类和识别精度可达到区域填图的技术要求。成像光谱仪的窄波段光谱数据可表征岩石及矿物的特征吸收谱带，提高含矿岩石的识别能力，因此被称为高光谱矿物填图的遥感信息源。从现代成像光谱仪的高光谱图像上可以提取褐铁矿、黄铁矿、伊利石、高岭石、白云母、蒙脱石、绿泥石、透闪石、白云石和方解石等蚀变矿物的信息。对蚀变岩的高光谱图像识别普遍采用信息提取、光谱建模、光谱匹配和地质填图技术，这是当前高光谱遥感矿产勘查领域研究的重点和热点。高光谱矿物填图是基于矿物光谱变异规律和岩石矿物图像识别技术进行区域找矿填图的应用技术，它可细分为矿物种类填图、矿物化学成分填图、矿物含量填图三种类型。

（三）城市遥感与观测系统

1. 城市遥感的观测特点

城市遥感以城市为观测对象，存在固有的复杂性。这种复杂性不仅体现在城市的土地利用和土地覆盖类型复杂，我们需要针对城市复杂场景发展新的时空谱观测模型，还体现在城市的社会经济活动包含实时的人流、车流和信息流，城市遥感观测对象需要从对地观测发展到对人类活动的观测。与非城市的观测区域相比，对城市的观测特点主要有以下四方面。

（1）对城市土地覆盖和土地利用的观测。在水平空间上，城市地物类型丰富且要素紧凑，城市场景既包含植被和水域等天然的土地覆盖，也包含更多的建筑物和道路等土地利用信息。水平空间上的地物信息通常通过卫星遥感或者地面观测系统来获取。

（2）在立体空间上多角度观测不同高度的城市信息。对城市的观测，在空间尺度上还需要考虑不同高度的建筑物和植被的遮挡。因此，在立体空间观测方面需要同时开展卫星遥感、地面观测以及无人机观测等多种方式。

（3）城市时敏目标的遥感检测和跟踪观测。从信息提取的对象来看，城市存在大量的人流、车流等时敏目标，需要同时开展对地观测和对社会现象的监测。例如，在新型冠状病毒感染疫情防控期间，通过无人机检测居民居家隔离效果，如果发现有人员未戴口罩和聚集的场景，就可广播提示信息，实现对城市居家隔离效果的监测。

（4）对社会经济活动的观测。城市是人类文明的结晶，也是主要社会经济活动发生的集聚地。通过夜光遥感等观测手段，也可观测夜间经济。夜光影像不只反映夜间城镇灯光等，可以广泛地应用于城市社会经济参数估算、区域发展研究和重大事件评估等诸多研究领域。

2. 城市遥感的内容及应用

（1）城市遥感的内容。

①城市遥感数据源及传感器，包括描述城市特征的多源数据（多光谱、高光谱、高空间分辨率影像、合成孔径雷达 SAR 影像、热红外影像、倾斜影像等）、城市遥感新型传感器等。

②城市地区结构探测和特征化描述，包括开发区状态和变化调查、城市土地覆盖/利用制图、目标（街道、建筑物等）探测、LiDAR 和 InSAR 城市目标/现象与地表沉降三维监测、通过数据融合的二维/三维特征合并和分解。

③城市地区遥感影像解译算法，包括高空间分辨率遥感影像解译的算法、多源遥感数据融合等。

④城市发展模式与模拟，包括变化检测、城市发展建模等。

⑤遥感用于城市气象学、地质学和地质灾害，包括城市热岛效应，空气质量评价，沉降、地震等地质灾害，环境监测等。

⑥遥感在城市规划中的应用，包括城市规划、数字城市、城市保护中的遥感应用以及基于遥感和其他模型的城市模拟。

⑦遥感在社会科学领域的应用，包括城市人口研究、公共安全与应急管理、大型社会活动中的遥感应用。

⑧遥感在智慧城市中的应用，包括城市环境监测、可持续发展建设、城市能量建模中的遥感应用。

（2）城市遥感的应用。

①城市典型要素信息提取。城市的典型地物主要包括道路、绿地、建筑物和湖泊等。城市的扩张伴随着日益突出的城市环境问题，使用遥感的方法提取城市地物信息，可以及时掌握城市土地地物信息，保持地理空间信息的现势性，有效地监测城市生态环境。

②城市遥感影像检索。城市是人类活动最频繁的复杂场景，通过遥感影像检索技术从海量的遥感数据中快速且准确地找出目标区域符合需求的遥感影像，搜索和定位感兴趣的内容和服务。

③城市三维重建。数字城市三维模型建设是城市信息化的重要部分。三维建模成果能较好地从多角度体现城市的立体景观，较直观且真实地还原城市风貌，服务于城市规划和

民众生活。

④城市变化检测。遥感影像变化检测技术可以监测城市发展和生态环境变化、协助城市管理，对于研究人类与自然环境交互关系、了解城市发展状况、辅助城市管理决策有着重要的意义。

⑤城市自然资源遥感监测。遥感技术的优势包括观测范围广、更新速度快、数据综合性强等，利用遥感影像对比分析、自动提取图斑技术、规划管理规则等数字技术实现城市总体规划的监管、城市重大项目的监管以及建设用地的监测。

⑥城市不透水面信息遥感提取和监测。城市不透水面包括建筑、道路、停车场等典型地物，是衡量城市化水平和环境质量的关键指标参数，广泛应用于城市土地利用分类、城市人口密度评估、城市规划、城市环境评估、热岛效应分析以及水文过程模拟等研究。

⑦城市热岛遥感监测。城市化引起的城市热岛对城市气候的影响重大，通过遥感手段获取的数据具有时间同步性好、覆盖范围广等优点。随着当前高分辨率卫星热红外遥感技术的发展完善，遥感观测方法在城市热岛的观测研究中发挥着重要作用。

⑧城市地上生物量遥感反演。遥感技术可以快速准确地获取城市绿地的分布和绿化覆盖度信息，了解城市绿地景观的组成、种类和布局。开展城市地上生物量遥感反演，有利于合理利用城市土地资源，保证生态系统的完整性。

⑨城市地质灾害监测。滑坡、泥石流、岩崩、路面塌陷和地面沉降等地质灾害威胁城市的可持续发展。遥感技术可以开展孕灾条件及诱发因素调查、灾害解译和编目等工作，服务于地质灾害隐患早期识别、长期监测和灾后评估全生命周期，支持地质灾害易发性、危险性和风险评估，为救灾、减灾决策提供重要的依据。

⑩影像城市三维实景管理。随着遥感技术的发展，正射影像和可量测实景影像成为基础地理信息数字产品，基于电子地图的城市市政精细化管理向基于遥感影像的城市网格化管理与服务方向发展。城市实景管理遥感技术与实践将实景影像应用到数字城市管理中，推动相关部门和人员科学、高效地参与城市管理和决策。

⑪城市空气质量遥感监测。城市中的车辆、船舶、飞机的尾气，工业企业生产排放，居民生活和取暖，垃圾焚烧等以及城市的发展密度、地形地貌和气象等都是影响空气质量的重要因素，利用遥感技术监测城市空气质量有利于改善城市空气质量和城市的可持续发展。

⑫城市水环境遥感监测。城市水资源遥感监测主要包括城市湖泊变迁监测、城市水质监测等。遥感技术可以快速、准确、大范围、实时地监测水资源总量和城市废水污染情况，识别污染源、污染范围、面积和浓度。

3. 城市遥感的观测平台

（1）城市航空遥感平台。航空遥感平台的实现根据操作要求有几种类型的飞机。飞机的高度和飞行姿态对比例尺和获取的影像有重要影响。飞机的飞行姿态受风的影响，其相对一个飞行轨道能够由三个不同的旋转角度来表示，分别是旁向倾角、航向倾角和像片旋角。机载卫星定位系统和导航系统能够在规则间隔下测量飞机的方位和三个旋转角度，用于校正因飞机高度和方位误差造成的遥感数据的几何变形。

在航空摄影测量中，影像是记录在硬拷贝材质上或者用数码相机记录数字影像。对于数字传感器，如多光谱扫描仪，获取的数据可以存储在磁带上和其他的海量存储设备里或者直接传输到接收站。下面分别介绍两种航空遥感平台

①载人航空遥感平台。载人航空遥感平台可集成遥感任务载荷、机载卫星通信系统、作业管理系统、高精度稳定平台、位置姿态测量系统等设备，形成先进的对地观测系统，实现强大的航空遥感信息获取、数据综合处理与管理功能。例如，由中国科学院空天信息创新研究院研发的新舟 60 飞机遥感平台，为后续航空遥感系统安全运行管理以及新型任务载荷的适航取证积累了宝贵经验，奠定了坚实基础。

高精度轻小型航空遥感具有精度高、成本低、效率高等优点，是快速获取高精度遥感数据的有效手段。高精度轻小型航空遥感业务系统由飞行平台、高精度 POS 与惯性稳定平台、高精度轻型组合宽角数字相机（数字测绘相机）、轻小型机载激光雷达（LiDAR）、高精度与小型化 POS 及稳定平台、高效快速数据处理系统构成，可根据不同应用需求以多种组合模式运行。组合模式主要包括稳定平台+POS+数字测绘相机、稳定平台+POS+LiDAR+数字相机、稳定平台+数字测绘相机+GPS 等不同模式的结构集成。

采用航空倾斜摄影平台能够为规划部门同时采集三维建模所需要的纹理数据和几何数据，结合航空摄影测量需求，可考虑选择高空有人飞机、低空无人机多种飞行器方案。

②无人机平台。目前，油动、电动固定翼飞机在大范围航测领域虽然已广泛应用，但是专业的测绘无人机由于价格过于昂贵，在实际项目运用中受到限制。随着近年来无人机和计算机视觉技术的发展，以大疆为主的各种小型轻便无人机开始进入测绘遥感领域，而且应用范围越来越广，优势比较明显。

（2）城市地面遥感平台。地面移动遥感平台，目前主要有服务于可量测影像数据采集的移动测量系统，服务于城市智能交通的路面检测系统，以及塔载传感器服务于城市污染监测的各类遥感监测平台。例如，在机动车上装配 GPS（全球定位系统）、CCD（全景相机，成像系统）、INS/DR（惯性导航系统或航位推算系统）等传感器和设备，在车辆高速行进之中，快速采集道路及两旁地物的可量测立体影像序列（digital measurable image,

DMI），这些DMI均具有摄影测量解析所需要的外方位位置元素和姿态元素，配合精准的时刻参数，在严密的摄影测量检校参数支撑下，任意空间、时间序列上的DMI构成立体像对，实现多层次的测量和数据库无缝融合以及任意任时的按需测量。

（3）海滨城市水上遥感平台。对于海滨城市而言，还需要海上遥感平台的支持，如船载遥感监测平台。目前，沿着各海岸带和内河的大城市都设有水上遥感平台。利用搭载在无人船或有人船遥感平台上的传感器可完成大气污染监测、目标识别、移动测量、海岸或河岸监测等任务。例如，船载水上水下一体化三维移动测量系统，主要由水上水下数据同步采集子系统、多源数据融合处理子系统等子系统构成。其中，水上水下数据同步采集子系统由三维激光扫描仪、高分辨率全景相机、声呐测深设备、多传感器同步控制设备、GPS/IMU定位定姿设备，以及多源数据一体化同步采集软件等组成，用于移动测量的三维激光点云、测深数据、全景影像、时间同步数据和定位定姿数据等的同步采集。多源数据融合处理子系统由GPS/IMU定位定姿数据处理、全景影像处理、三维激光扫描数据处理、测深数据处理和多源数据一体化测图处理软件组成，用于完成对系统多源数据的集成、配准、融合以及定位测图。该系统支持数字水利、智能航道、海洋海岛测量、堤岸监测等示范应用。

（4）城市遥感协同观测平台。在空间数据，特别是三维空间数据采集与更新方面，单一的遥感平台存在一定的局限性，单一的观测角度只能获取局部区域的有效数据，造成数据空洞现象。航空摄影测量与遥感平台虽然可以提供目标的空间信息、纹理特征等，但获取的主要是建筑物的顶面信息，漏掉了建筑物立面的大量几何和纹理数据，同时存在因遮挡导致的影像信息缺失等问题；地面摄影测量平台只能获取建筑物的立面信息；车载移动测量平台虽能较好地提供场景三维描述的激光点云数据，但数据含有较多噪声，目前还难以提取形体信息及拓扑关系，同时对于狭窄的地区，移动车量无法采集数据。不同的遥感观测平台获取的数据之间往往存在互补性，因此，多遥感平台协同观测可以获取更加丰富的数据。

无人机平台与地面移动测量车采集平台协同观测，可以解决城市复杂环境下因道路物体阻挡导致移动测量车辆采集数据的缺失，以及因遮挡导致无人机成像信息缺失等问题。通过协同观测，信息互补，实现城市三维无缝全息时空数据空地一体化协同观测。

珠海市横琴新区属于滨海城市，该新区在构建城市云平台时，构建了多平台协同的城市视频大数据时空智能分析技术体系，满足城市多平台业务下不同空间尺度目标立体监控监测的需求。针对不同的视频采集平台和数据特点，分别建立了相适配的技术，具体包括以下三类技术。

①天基卫星视频数据获取和处理技术：针对视频卫星数据观测角时刻变化特点，建立了天基视频的快速预处理和分类技术，能够快速地对天基视频数据进行处理分析和应用。

②空基无人机视频获取和处理技术：实现了无人机视频数据的高效目标提取和处理技术，能够对船只等目标进行快速识别、跟踪，并实时计算目标移动位置。

③地基固定、移动视频获取和处理技术：建立了基于地面监控视频大数据的异常行为自动识别和预警系统，实现了视频大数据时空智能分析、移动目标交接、视频和影像与GIS数据的融合等功能。

4. 城市遥感传感器

城市遥感中有两类主要的传感器，即主动传感器和被动传感器。被动传感器通常包括各类相机、摄影机、多光谱扫描仪、热红外扫描仪等；主动传感器包括雷达、激光雷达、声呐等，所有这些都可以用于测高和成像。各种遥感器都有各自的特点和应用范围，可以互相补充。例如，光学照相机的特点是空间几何分辨率高、解译较易，但它只能在有日照和晴朗的天气条件下使用，在黑夜和云雾雨天时不能使用。多光谱扫描仪的特点是工作波段宽，光谱信息丰富，各波段图像容易配准，但它也只能在有日照和晴朗天气条件下使用。热红外遥感器和微波辐射计的特点是能昼夜使用，温度分辨率高，但也常受气候条件的影响，特别是微波辐射计的空间分辨率低，更使它在应用上受到限制。侧视雷达一类有源微波遥感器的特点是能昼夜使用，基本上能适应各种气候条件（恶劣天气除外）。在使用波长较长的微波时，它还能检测植被掩盖下的地理和地质特征；在干燥地区，它能穿透地表层到一定深度。

（1）城市遥感对各类传感器的需求。城市场景复杂，存在各类遮挡，环境脆弱，各类自然灾害和突发的人为灾害需要开展遥感监测。城市的精细化管理需要空间分辨率遥感影像，通常以高空间分辨率光学遥感影像为主，如国产高分二号卫星、北京二号卫星、高分一号卫星、资源三号卫星和国外的 WorldView 系列卫星、GeoEye-1、QuickBird、IKONOS、Pleiades、SPOT-6/7 等高空间分辨率遥感影像。

城市的土地利用多样，各类材质复杂，需进行有效区分，城市生产、生活导致水质污染，需要应用多光谱和高光谱遥感影像监测水质变化，因而需要这类传感器，如美国的AIS、AVRIS、WIS、PROBE、TEEMS、MODIS、Hyperion、FTHSIAHI、SEBASS 卫星，澳大利亚的 Hymap、ARIES、TIPS 卫星，加拿大的 CAS 卫星，德国的 ROSIS 卫星，法国的IMS 卫星，芬兰的 AISA 卫星，欧空局的 ChrIs 卫星，日本的 GLI 卫星，以及我国的 MAIS、PHI、OMIS-1、CMODIS、Env-DD 卫星等。很多城市地质条件复杂，存在地面沉降，需要开展监测，大范围的地面沉降监测一般采用 GPS 测量方法和 InSAR 监测方法；城市不透水面增加导致出现热岛效应，需要热红外传感器，如 NOAA/AVHRR 传感器、MoDIs、LandsatTM6 传感器等；地质勘察、建筑设计、文物修复、容积计量等可以使用激光扫描仪；灾害监测、环境监测、测绘等需求可采用SAR 传感器，如对地观测系统（EOS）使用的合成孔径雷达（EOS-SAR）、美国宇航局（NASA）的 Sir-C/X-SAR、欧空局的高级合成孔径雷达（ASAR）和我国的 HJ-1C 卫星等。

遥感技术中电磁能量的测量是通过装载于静止或运动的遥感平台上的传感器实现的，为适应不同的应用，目前已经开发出不同类型的传感器。传感器是测量和记录电磁能量的设备，传感器可以分为：被动传感器、主动传感器和主被动集成的更为复杂的传感器系统。被动传感器依赖外部能量来源，而主动传感器有自己的能量来源。一个传感器测量反射能量或者辐射能量，特定波长波段测量的能量与地球的表面特征有关，测量结果在影像数据中存为像素。

被动传感器：依赖外界的能量来源，通常是太阳，有时是地球本身。目前被动传感器在波长范围覆盖的电磁光谱范围从小于 1μm 到大于 1m（微波）。

主动传感器：有自己的能量来源。主动传感器由于不依赖于任何不同的照明条件，因而其测量受到更多的控制。

主被动集成传感器系统：集成了主动传感器和被动传感器，当前先后出现同时兼具三维空间信息获取与地物多/高光谱信息提取的多光谱激光雷达传感器系统和高光谱激光雷达传感器系统。

（2）城市被动遥感传感器。

①航空相机。（数码）相机系统、透镜和胶片（或 CCD），是航空或航天摄影测量的主要组成部分，低轨道卫星和 NASA 空间航天任务也使用传统相机技术。相机中的胶片类型要确保在 400~900nm 范围内的电磁能量能被记录。航空相机有广泛的应用，如在城市中进行摄影测量获得立体像对，从而获得城市精确的三维坐标。尽管航片有很多的应用，但主要用于中、大比例尺绘图和地籍制图。现在模拟图常被扫描，以在数字环境中存储和处理。最新发展是数码相机的应用，它不需要使用胶片，直接提供数字影像数据。下面介绍两款有代表性的航空相机：飞思 iXU150 航空相机和飞思 iXU-RS1900 航空相机。

飞思 iXU150 搭载 5000 万像素 CMOS 传感器，感光度范围 ISO100-6400，连拍速度达 8fps，可感知红外波段光线。机身卡口兼容施耐德 28mm、55mm、80mm 等一系列中画幅镜头。机身内置 USB3.0 接口，支持外接存储设备、控制设备以及 GPS 等配件。这款相机主要用于无人飞机，因此抛弃了一贯的铝制机身设计，采用了更轻、结构更加坚固的镁合金材料，可以抵抗更加恶劣的拍摄环境。

iXU-RS1900 双镜头相机在多种航空测绘应用中是传统大画幅相机的优秀替代品：从遥感到精准农业、灾害管理和监测。第一代 iXU-RS1900 采用双 90mm 镜头，用于捕获 RGB 信息。它配备高度敏感的 CMOS 传感器，兼具很短的曝光时间 1/2000s。该传感器可提供 1. 9 亿像素（16470×11540）图像，兼具较高的传感器灵敏度、较短的曝光时间和先进的第一代 RS 快门技术，使测绘应用所需的高质量航空图像成为可能。

②航空摄影机。航空摄影机简称“航摄机”，是一种专用于在飞机或其他飞行器上向地面进行摄影的照相机。摄影机是一种使用光学原理来记录影像的装置。摄影机在发明初时是用于电影及电视节目制作，但现在已经普及化。正如照相机一样，早期摄影机需要使用底片（即录像带）进行记录，但现在数码相机的发明使影像能直接储存在快闪存储器内。更新型的摄影机，则是将影像资料直接储存在机身的硬盘中，不仅可以动态录影，还可以静态拍摄，从而在一定程度上取代数码相机。航空摄影机使用卷片，多形成 24cm×24cm 的画面，用 150mm 广角镜头拍摄。除此之外，还附带 4 个镜头，供从某照片制作合成彩色照片的多光谱摄影机。航空摄影机具有空中侦察时进行单张航空像片的摄影和多张全面覆盖的地形摄影测量两种用途，在城市中航空摄影机主要用于空中侦查和城市地形测量。

③多光谱扫描仪。多光谱扫描仪量测反射的太阳光中可见光和近红外部分，它系统地扫描地表，从而量测可见地区在以上波段的反射能力。由于它可以同时处理几个波段，因此叫作多光谱扫描仪。例如，2~2.5μm 段的反射特征（如 LandsetTM7 波段）会给出土壤矿物化合物的信息，而红色光和近红外段的综合反射特征会给出关于植被的某些信息，如单位面积或体积内的生物的数量和健康状况。因此，一种扫描仪的波段的确定，取决于传感器设计的应用领域。在城市应用中，多光谱遥感常被用于水质评估、土地利用分类、城市绿化率估算和城市边界扩张监测。以水质遥感监测应用为例，多光谱遥感可用于水体中总磷、总氮、氨氮、化学需氧量、叶绿素浓度、悬浮物浓度、浊度等指标的面域水质的评估，以及河湖健康态势智能感知机制、水环境关键因子语义提取、典型水域环境风险评估（如城市黑臭水检测）等具体应用。

④影像分光仪和成像光谱仪。影像分光仪是一种用来准确测量光线偏折角度的仪器，可以将一束混合光分成多束纯光，一般用于光谱分析。影像分光仪由一个入射狭缝、一个色散系统、一个成像系统和一个或多个出射狭缝构成，其利用光电倍增管等光探测器在不同波长位置上测量谱线的强度以测知物体或影像中含有何种元素。这种技术被广泛地应用于空气污染、水污染、食品卫生、金属工业等的检测中。这种光谱曲线取决于被量测物质的化合物成分和宏观结构，因此，影像分光仪的数据可用于确定地表的化合物成分，地表

水的叶绿素含量，或所有地表水悬浮物的集中程度。

成像光谱仪是新一代传感器，在20世纪80年代初正式开始研制，研制这类仪器的主要目的是在获取大量地物目标窄波段连续光谱图像的同时，获得每个像元几乎连续的光谱数据，因而称为成像光谱仪。目前成像光谱仪主要应用于高光谱航空遥感，在航天遥感领域高光谱也开始应用。

在城市领域，影像分光仪和成像光谱仪以其高光谱分辨率的特点常被应用于确定地物类型和进行环境监测。

⑤热红外扫描仪。热红外扫描仪是根据被测地物自身的热红外辐射，借助仪器本身的光学机械扫描和遥感平台沿飞行方向移动形成图像的遥感仪器。热红外扫描仪测量8~14μm波段的热数据。这一范围的波长直接和物体的温度相关联。因此，大多数的遥感系统都在设计上包含了热红外传感器。热红外扫描仪同时可以用于研究城市热岛效应，并用于监测不考虑释放热能的植物之后水环境的温度。

（3）城市主动遥感传感器

①激光扫描仪。三维激光扫描仪作为三维激光扫描系统的主要组成部分，是由激光发射器、接收器、时间计数器、马达控制可旋转的滤光镜、控制电路板、微电脑、CCD机以及软件等组成，是测绘领域继GPS技术之后的一次技术革命。它突破了传统的单点测量方法，具有高效率、高精度的独特优势。三维激光扫描技术能够提供扫描物体表面的三维点云数据，因此可以用于获取高精度、高分辨率的数字地形模型。

激光扫描仪放置在飞机或直升机上，而且利用一束激光量测传感器到位于地面上点之间的距离。然后，利用卫星位置系统和惯性导航系统（INS），距离的测量是结合在传感器位置点上提取信息来计算地形海拔高度。激光扫描为地形图的描绘产生详细的、高分辨率的数字地形模型（DTM）。激光扫描仪具有高精度、高效率的优点，一般情况下40m范围内点位中误差低于12mm，20m范围内点位中误差低于6mm，且相比于传统单点测绘方法，激光扫描仪测量频率可达50万点/s，因此激光扫描也能用于制作详细的城市建筑物的3D模型产品。同时，由于主动式传感器量测不易受环境光线条件影响，相比于基于光学影像的城市建筑物3D建模，激光扫描仪在城市室内外一体化建模领域具有独特优势。便携式的基于地面的激光扫描仪可被用于斜向与横向测量。

②成像雷达。成像雷达是向飞行平台行进的垂直方向的一侧或两侧发射微波，将从观测目标返回的后向散射波以图像的形式记录下来的雷达。成像雷达可分为真实孔径雷达（RAR）和合成孔径雷达（SAR）。

雷达方式在1~100cm范围内起作用。不同的波段对应于地球表面不同的特性。雷达的反向散射受所发射的信号和所阐述的表面特征影响。由于雷达是主动的传感器系统而且所应用的波长能够穿透云层，它不管是白天还是晚上，不管在怎样的天气条件下都能获取影像，尽管影像可能会或多或少地受降水的影响。成像雷达对地形起伏变化敏感，常被应用于城市地表沉降变化的监测。

同一地区的两张立体雷达影像融合能提供有关地形高度的信息。类似地，SAR 干涉测量法（InSAR）包含在几乎相同的位置所获得的两张雷达影像。这些影像不是在不同时间，就是利用两个系统在相同位置所获得的，而且能被用于评估高精度（5cm 或更高）的高度或垂直方向的变形。这种垂直方向的运动可能会受石油和天然气的开采或由地震引起的地壳变形的影响。

目前激光雷达（LiDAR）在遥感领域中得到越来越广泛的应用。激光雷达是以发射激光束探测目标的位置、速度等特征量的雷达系统。其工作原理是向目标发射探测信号（激光束），然后将接收到的从目标反射回来的信号（目标回波）与发射信号进行比较，作适当处理后，就可获得目标的有关信息，如目标距离、方位、高度、速度、姿态、甚至形状等参数，从而对飞机、导弹等目标进行探测、跟踪和识别。它由激光发射机、光学接收机、转台和信息处理系统等组成，激光发射机将电脉冲变成光脉冲发射出去，光学接收机再把从目标反射回来的光脉冲还原成电脉冲，送到显示器。

常用的 LiDAR 传感器有机载和无人机载两种。下面以 RIEGLVQ-1560Ⅱ和 RIELmini-VUX-2UAV 为例分别介绍机载 LiDAR 传感器和无人机载 LiDAR 传感器。

RIEGLVQ-1560Ⅱ是一种双通道波形处理机载 LiDAR 系统，基于拥有高达 4MHz 的激光脉冲发射频率，具备更高的性能和效率。当飞行作业高度在 457～3688m 范围时（目标反射率>20%），可提供不低于 120 万点/s 的测量速率，结合不同的激光功率模式，可以优化采集参数，以满足特定项目的需要。这些特点使 RIEGLVQ-1560Ⅱ变得非常灵活，它的数据采集范围极广，同时具备超高的点密度和数据采集效率。RIEGLVQ-1560Ⅱ采用 RIEGL 独有的前-后扫描能力，使其可以从不同角度获取更有效、更高精度的高点密度数据。配合 58°大视场角以及多种扫描参数配置方案，能够实现高效的点云数据获取。RIEGLVQ-1560Ⅱ无缝集成了高性能 IMU/GNSS 系统以及 1.5 亿像素的 RGB，可额外增配一个相机系统。

RIEGLminiVUX-2UAV 是一款极其轻小的无人机专用激光扫描系统，适合搭载在小型直升机和无人机上。这款 RIEGLminiVUX-2UAV 提供了 100kHz 和 200kHz 的激光发射频率。在 200kHz 的频率下，传感器可提供多达 20 万次/s 的测量速率，为采集地面小物体的无人机应用提供了密集点模式。RIEGLminiVUX-2UAV 能够采集 360°全景扫描数据，采集的数据存储于一个易于插拔的SD卡上，也可以通过网线存储到电脑上，结合扫描仪的低功耗，可与大多数UAS/UAV/RPAS进行直接集成。基于RIEGI先进的波形处理技术，RIEGLminiVUX-2UAV通过波形数字化合成实时波形处理技术，进行高速的数据采集，可以在茂密的植被下得到高精度的测量成果。它的另外一个特点是优化后的波长可用于冰、雪地形测量。

机载LiDAR系统还有RIEGLVQ-780Ⅱ、RIEGLVP-1、RIEGLVQ-880-G等型号。无人机载LiDAR系统还有RIEGLVUX-1UAV、RIEGLBDE-1等型号。

③雷达高度计。雷达高度计被用来测量平行于卫星轨道的地形轮廓。它们提供轮廓，譬如测量的单一的线，而不是影像数据。雷达高度计在1cm或6cm波长范围内起作用，而且能够确定精度为2~5cm的高度。

雷达高度计对相对较光滑的表面如大海及小比例尺的大陆地形模型制图很有用。雷达高度计可用于河流、湖泊水位的监测，包括流经城市的河流和城市内部湖泊的水位监测。

（4）城市遥感主被动集成传感器系统。传统的被动多/高光谱遥感技术虽然能获取大量的地物光谱信息，但是其在空间三维信息提取方面又存在不足。此外，由于多/高光谱传感器为被动探测方式，其获取的地物信息受光照、大气等因素的影响也较为严重。同时，激光雷达自20世纪60年代出现以来，经过了由简单到复杂、由低级到高级的发展过程，其种类不断增加，功能不断完善和发展，应用领域越来越广泛和深入，并成为近年来快速发展的一种新型对地观测技术。但由于传统激光雷达多为单波段激光雷达系统，光谱信息相对不足，导致其对地物物性信息的探测能力有限。

针对城市复杂场景的应用需求，现有应用中通常将单波段激光雷达数据与被动多/高光谱遥感数据进行融合，从而在一定程度上弥补了两者的不足，但其固有的根本缺陷仍然存在。为克服主动遥感传感器和被动遥感传感器的局限性，近年来开始研制了主被动集成的传感器系统。

目前先后出现了同时兼具三维空间信息获取与地物多/高光谱信息提取的多/高光谱激光雷达。多光谱激光雷达与高光谱激光雷达的主要区别在于激光通道的数量以及传感器的光谱分辨率的高低。下面将分别介绍多光谱激光雷达传感器系统和高光谱激光雷达传感器系统。

①多光谱激光雷达。无论是激光雷达结合被动成像遥感技术，还是双波长激光雷达探测技术都存在一些不足，为了更好地挖掘激光雷达对地观测的能力，近年来国际上开始展开了对多波长激光雷达观测技术的研究。美国内布拉斯加大学的研究小组研制了多波长机载偏振激光雷达系统，该系统设计采用1064nm和532nm两个波长进行激光发射，采用双

波长和双偏振探测器的四通道进行接收，并获得了机载探测数据。该系统主要用于探测植被，研究植被在双波长的回波强度及其偏振信号，然而由于1064nm和532nm并不处于植被探测的最佳波段区域，因此在植被探测的应用上仍然会有一定的局限性。

另一种技术则是完全模仿高光谱技术原理，采用白光激光照射和多通道阵列接收的白光激光雷达。虽然在原理上该技术可获得很好的物性探测能力，但由于激光能量的分散，在目前的技术条件下，其探测灵敏度和发射激光功率都达不到实现机载遥感探测应用的要求。

②高光谱激光雷达。高光谱激光雷达探测技术是近年来发展起来的新兴探测技术，它将高光谱成像技术和激光雷达测距技术结合起来，能同时获取目标物的图像信息、光谱信息、位置信息等，实现对目标物的多维数据获取，具有测量范围大、实时性强、应用性广等特点，因此各国科学家都对高光谱激光雷达展开了深入研究。目前，我国有源高光谱激光雷达尚处于理论研究和验证阶段。我国的国家重点研发计划“地球观测与导航”专项也正在支持此类设备的研发。

第二节　无人机遥感及关键技术

一、无人机遥感的任务设备

（一）航变定位定向系统

航变定位定向系统（POS）集差分全球定位系统（DGPS）和惯性导航系统（INS）为一体。POS系统主要包括GPS接收机和惯性测量单元（IMU）两个部分，所以也称为GPS/IMU集成系统。

1. POS系统的组成

POS主要硬件部分包括惯性导航系统、DGPS与POS系统计算机系统。POS还包含一套事后处理软件用于融合数据事后处理。

DGPS通过用户与基站GPS接收机提供实时差分GPS定位信息，惯性导航系统提供载体实时角速度与加速度信息，通过POS计算机系统实时信息融合得到载体位置、速度和姿态等导航信息，同时POS采集惯性导航系统与DGPS的数据信息利用POS系统事后处理软件得到载体位置、速度和姿态等导航信息。

2. POS 系统的工作原理

惯性导航系统 INS 是由惯性测量单元 IMU 和控制系统组成，IMU 又包括三个加速度计、三个自由度陀螺仪以及必要的数字电路和图形处理器，利用三个加速度计测量载体在三轴方向上的平移加速度、一次积分获取载体的瞬间速度，同时，陀螺仪可以记录三轴在导航坐标系中的姿态角，并给出载体航向，以此实现对载体的导航工作。

GPS 是目前应用最为广泛的定位和导航系统，可以为用户提供实时的空间坐标信息、速度信息和精确授时。DGPS 技术是在已知点位上安装设置 GPS 基准站，对目标点位置接收机进行同步观测，基于基准站空间坐标信息和改正参数，对目标点数据进行求差改正，并综合全部观测数据进行平差计算，获取精确的三维坐标。

IMU 可以实现导航的完全自主化，降低了外界信息的依赖性，可以提供较高精度的导航、速度和航向等信息，但采用 IMU 的系统的导航精度完全取决于自身系统的精确性，这样就造成定位误差的时间积累。DGPS 技术具有高精度的定位能力，并且可以全天候地进行连续定位。其误差并不会随工作时长而积累。然而，采用 DGPS 技术的系统为非自主系统，无法实时提供姿态参数等信息。在运动过程中，该系统可能难以跟踪和捕获卫星信号，从而导致定位精度的下降。为了解决这一问题，我们采用了基于卡尔曼滤波的方式将 DGPS 技术与另一技术进行组合，以形成互补。通过信息传递、数据融合和最优化求解，我们成功地获得了运动过程中高精度的导航系统。这种方法综合了两种技术的优点，提高了整体的定位精度，并增强了系统的稳定性和可靠性。

3. 商用 POS 系统

目前商用的 POS 系统主要有两种：POSAV 系统和 AEROcotro1 系统。

（1）POSAV 系统。POSAV 系统是基于 DGPS/IMU 的定位定向系统。它主要由四个部分组成。

①惯性测量装置：IMU 由三个加速度计、三个陀螺仪、数字化电路和一个执行信号调节及温度补偿功能的中央处理器组成。

②GPS 接收机：GPS 系统由一系列 GPS 导航卫星和 GPS 接收机组成。

③计算机系统：包含 GPS 接收机、大规模存储系统和一个实时组合导航的计算机。

④数据后处理软件 POSPac：POSPac 数据后处理软件是通过处理 POSAV 系统在飞行中获得的 IMU 和 GPS 原始数据以及 GPS 基准站数据得到的最优的组合导航解。

（2）AEROcotrol 系统。AEROcotrol 系统是高精度机载定位定向系统。它主要由三个部分组成。

①惯性测量装置：IMU 由三个加速度计、三个陀螺仪和信号预处理器组成。

②GPS 接收机：GPS 数据接收。

③计算机装置：采集未经任何处理的 IMU 和 GPS 数据并将它们保存在 PC 卡上用于后处理，协调 GPS，IMU 以及所用的航空传感器的时间同步，计算机装置实时组合导航计算结果作为 CCNS4 的输入信息。CCNS4 是用于航空任务的导航、定位和管理的系统。

4. POS 系统后处理软件

下面以 POSPac 为例，研究 POS 系统后处理软件。

POS 系统后处理软件 POSPac 用于对航摄时 POSAV 系统接收的 IMU 观测数据、机载 GPS 观测数据及地面基准站接收的 GPS 观测数据进行联合后处理，可以得到最优的导航、定位结果。POSPac 软件主要包括四个子模块：GPS 数据处理模块 POSGPS、GPS/IMU 联合处理模块 POSProc、检校计算模块 POSCal 和外方位元素计算模块 POSEO。

（1）POSGPS：用于确定机载 GPS 相位中心的三维空间坐标的方法涉及对地面基准站和机载接收机的观测数据进行同步处理，并利用载波相位差分定位技术来提高 GPS 的定位精度。

（2）POSProc：利用 IMU 的姿态观测数据、POSGPS 模块输出的机载定位结果及其他相关参数，采用算法，消除不同类型数据之间的不相容性，最终计算并输出传感器透镜中心的三维空间位置、IMU 姿态角信息和速度等导航信息。

（3）POSCal：利用 POSProc 模块的输出结果、外部输入的影像像点坐标和地面控制点坐标数据，计算航摄相机的检校参数和 POS 系统的视准轴误差检校参数。

（4）POSEO：根据 POSProc 模块的输出结果和用户选定的坐标系统，输出摄影测量计算时所需要的每幅影像的六个外方位元素。

（二）可见光相机系统

光学数码相机是无人机传感器的主要构成。无人机光学遥感载荷按成像波段可分为全色（黑白）、可见光（彩色像片）、红外和多光谱传感器。按成像方式分为线阵列传感器和面阵列（框幅式）传感器。按相机用途可分为量测式和非量测式相机。由于无人机受到载荷和成本的限制，往往采用非量测式、可见光（RGB 三通道波段）的框幅式相机，即一般的市面上常用的单反、微单及卡片数码相机。

1. 框幅式相机摄影测量的原理

框幅式传感器的测绘原理为小孔成像原理，在某一个摄影瞬间获得一张完整的像片。

一张像片上的所有像点共用一个摄影中心和同一个像片面，即共用一组外方位元素。因此，像点和物点之间可以用航测像片的共线方程来描述。

$$
\begin{aligned}
x &= -f\frac{a_1(X-X_S)+b_1(Y-Y_S)+c_1(Z-Z_S)}{a_3(X-X_S)+b_3(Y-Y_S)+c_3(Z-Z_S)} \\
y &= -f\frac{a_2(X-X_S)+b_2(Y-Y_S)+c_2(Z-Z_S)}{a_3(X-X_S)+b_3(Y-Y_S)+c_3(Z-Z_S)}
\end{aligned}
\tag{4-1}
$$

一张像片可以得到物点对应的像点坐标，并由此可以列出两个共线方程，而未知的地面点坐标有三个未知数，因此无法从单张像片求解地面坐标。常用的方法是利用相邻摄站上拍摄的像片，采用空间前方交会（计算机视觉称三角交会）的方法来计算地面坐标，如图 4-3 所示。

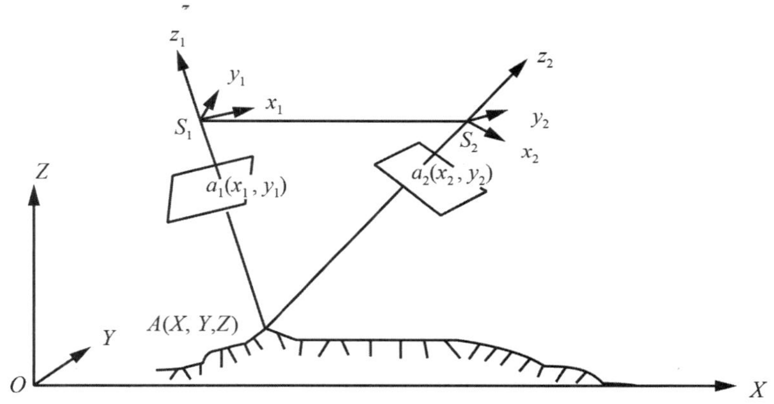

图 4-3　空间前方交会计算地面点

2. 框幅式相机摄影指标参数

框幅式相机摄影的主要指标参数包括像场角、摄影比例尺、地面采样距离、影像重叠度和基高比等，其中摄影比例尺和地面采样距离表示的是同一项指标参数，框幅式胶片相机航空摄影采用摄影比例尺，框幅式数码相机航空摄影采用地面采样距离。

（1）像场角。根据不同的应用需要，像场角有不同的定义方法：以可视范围直径确定的像场角，称为全像场角；以成像面长度方向可拍摄范围确定的像场角，称为长度方向像场角。

（2）摄影比例尺。航空影像的比例尺指影像上的一个单位距离与其所代表的实际地面距离的比值。当影像有倾斜、地面有起伏时，影像比例尺的计算比较复杂，实际影像比例尺在影像各点上并不相等，故一般用整幅影像的平均比例尺表示航空影像的摄影比例尺。影像比例尺越大，地面分辨率越高，越有利于影像的解译和提高成图的精度。实际工作中，影像比例尺要根据测绘地形图的精度要求与获取地面信息的需要来确定。

（3）地面采样距离。数字影像的地面采样距离指影像上单个像素所对应的地面实际距离。

（4）影像重叠度。一般情况下，连续拍摄的航空影像应该具有一定程度的重叠度，分为航向重叠度和旁向重叠度。要完成对于摄影区域的完整覆盖，航空摄影影像除了要有一定的航向重叠外，相邻航线的影像间也要求具有一定的重叠，以满足航线间接边的需要，称为旁向重叠。这种重叠不仅确保了一条航线上的完全覆盖，而且从相邻两个摄站可获取具有重叠的影像构成立体像对，是立体测图的基础。

（5）基高比。基高比是摄影基线与相对航高的比值。基高比越大，组成立体像对的同名光线的交会角越大，立体测量的高程精度越高。所以当利用立体测量方法成图时，除了要保证影像的重叠度之外，还要求相邻影像之间满足一定的基高比条件。对于无人机低空大比例尺测图，由于数码相机的像幅一般较小，基高比一般小于传统航空摄影。

3. 无人机光学载荷的应用

无人机光学载荷已经在各个应用领域发挥了重要作用，被成功应用于抢险救灾、设备巡检、环境保护和国情监测等方面。

（1）地震救灾。地震是一种突发且具有强烈破坏性的自然灾害，因此，在地震灾害的救援过程中，情报的时效性至关重要。一旦地震发生，监测人员必须迅速获取地震灾害的早期综合情报，并迅速查明地震灾害所造成的损失，以便能够迅速、准确地制定救灾决策和实施措施，以最大程度地减少灾害所造成的损失。然而，由于地震后通信和交通通常会中断，且地震后往往会出现余震，常规手段无法快速获取灾情信息。

无人机航空遥感系统可以快速获取地震灾区信息，利用其搭载的传感器真实记录灾区地球表面的自然地貌、人工景观以及人类活动的痕迹，能够准确客观、全面地反映地震后灾区的全面景观，为震害调查、损失快速评估提供科学依据，而且可以确定极震区位置、灾区范围、宏观地震烈度分布、建筑物和构筑物破坏概况以及急需抢修的工程设施等，以便为震后速报灾情、快速评估地震损失和救灾减灾提供决策。

（2）电力巡线。为了保证电力输电线路的安全运营，电力部门对电力输电线路进行定期巡检就显得尤为重要。电力线路巡检是指对输电通道、塔杆和输电部件巡检，及时发现输电设备存在的安全隐患。传统的巡检工作主要依靠人工，野外工作环境恶劣而且劳动强度大，效率低。在悬崖、沼泽等危险地区，巡视人员的生命安全受到严重威胁。当发生地震、滑坡或水灾等自然灾害时，巡视人员将无法进行正常的巡视工作。与传统的电路巡检方式相比，无人机具有飞行空域低、不受空中管制限制、不受气候和地理环境影响、操作简单且容易掌握、可实现不间断工作等特点。因此，通过无人机携带传感器设备进行低空巡检，可以有效地解决这些问题，确保巡视工作的顺利进行。

（3）生态与环境保护。自然保护区和饮用水源保护区等需要特殊保护区域的生态环境保护一直以来是各级环保部门工作的重点之一，而自然保护区和饮用水源保护区大多有着面积较大、位置偏远和交通不便的特点，其生态保护工作很难做到全面细致。环保部门可采用无人机遥感系统每年同一时间获取需要特殊保护区域的遥感影像，通过逐年影像的分析比对或植被覆盖度的计算比对，可以清楚地了解到该区域内植物生态环境的动态演变情况。无人机遥感系统生成高分辨率遥感影像甚至还可以辨识出该区域内不同植被类型的相互替代情况，这样对区域内的植物生态研究也会起到参考作用。

（三）倾斜摄影相机系统

1. 倾斜摄影相机的分类

无人机倾斜摄影相机根据不同分类标准可分为以下几种类型。

（1）按配置相机数量分类。无人机倾斜摄影相机可分为五镜头倾斜相机、三镜头倾斜相机和两镜头倾斜相机，其中两镜头倾斜相机又可细分为固定角度两镜头倾斜相机和可倾角度两镜头倾斜相机。五镜头倾斜相机适合不同飞行平台，一次飞行完成倾斜摄影作业，生产效率较高；三镜头倾斜相机和固定角度两镜头倾斜相机主要适用于固定翼飞行平台，至少两次飞行完成倾斜摄影作业，生产效率较低；可倾角度两镜头倾斜相机适用于飞行速度不大于5m/s的旋翼飞行平台，可以一次飞行完成倾斜摄影作业，生产效率最低。

（2）按照配置相机类型分类。无人机倾斜摄影相机可分为中画幅倾斜相机、全画幅倾斜相机、APS画幅倾斜相机和小画幅倾斜相机。通常倾斜相机CCD（CMOS）有效像素、倾斜影像质量和倾斜摄影生产效率与相机倾斜画幅成正比，但系统质量、相机成本和对数据记录速度要求更高与相机倾斜画幅成反比。

（3）按搭载飞行平台类型分类。无人机倾斜摄影相机可分为固定翼平台倾斜相机、旋翼平台倾斜相机和通用平台倾斜相机。固定翼平台倾斜相机是一种安装在固定翼飞行平台上的倾斜相机，通常要求其镜头焦距较长、曝光间隔较短，并具备快速的数据记录能力。旋翼平台倾斜相机则是安装在旋翼飞行平台上的倾斜相机，其镜头焦距相对较短，曝光间隔可以适当延长，同时数据记录速度相对较慢。通用平台倾斜相机则可以分别搭载在固定翼飞行平台和旋翼飞行平台上，通常其镜头焦距适中，曝光间隔较短，并具备快速的数据记录能力。

2. 倾斜摄影相机的系统

（1）大型倾斜摄影相机系统。大型倾斜摄影相机系统通常由五个 8000 万像素以上的中画幅数码相机组成，内置高性能 POS（IMU/DGPS）系统，正直相机镜头焦距通常为 50mm，倾斜相机镜头焦距通常为 80mm，作业使用航空摄影专用稳定云台，系统质量一般不小于 20kg，飞行平台一般采用有人驾驶的固定翼飞机、直升机或动力三角翼等，价格较高，适合大范围的倾斜摄影三维实景建模项目。典型设备包括徕卡公司的 RCD30 倾斜相机、北京四维远见信息技术有限公司的 SWDC-5 数字航空倾斜摄影仪、中测新图（北京）遥感技术有限责任公司的 TOPDC-5 倾斜数字航摄系统、上海航遥信息技术有限公司的 AMC850 倾斜摄影系统和大型倾斜相机 AMC5100 等。

①MicrosoftVexcel：UltraCam Opesys。UltraCam Opesys 系统共有 10 个相机，包括 4 个垂直下视相机和 6 个倾斜相机。垂直下视相机参数：全色影像尺寸 11674×7514 像素，像元大小 6.0μm，焦距 51mm；RGBN 影像尺寸 6735×4335 像素。倾斜相机参数：左右视 RGB 影像尺寸为 6870×4520 像素，前后视 RGB 影像尺寸为 2×6870×4520 像素（拼接后为 13450×4520 像素），像兀大小 5.2μm，焦距 80mm。

②IGI：QuattroDigiCAMOblique。QuattroDigiCAMOblique 系统由 4 个镜头组成，可以方便地调整成为 1 个大幅面下视或者 4 个倾斜视相机。若调整为正直摄影模式，影像尺寸为 18500×12750 像素；若调整为倾斜摄影模式，可同时获取 4 幅倾斜影像，每一幅影像尺寸最高可达 6000 万像素，相机倾角 45°。

③Leica：RCD30Oblique。RCD30 Oblique 系统由 1 个下视镜头和 4 个倾斜视镜头组成。影像尺寸为 6000 万像素，可升级至 8000 万像素，镜头可选择 RGB 或者 RGBN 镜头。该系统可切换为三视模式或五视模式，三视模式镜头倾斜角 45°，五视模式镜头倾斜角 35°，下视与倾斜视影像之间均有重叠。

④Trimble：AOS。AOS 系统由 1 个下视镜头和 2 个倾斜视镜头组成，每曝光一次镜头平台自动旋转 90°，以此获取 4 个倾斜方向的影像。每个镜头获取的影像尺寸为 7228×5428 像素，焦距为 47mm，视场角达 114°。

AOS 系统特点如下：①下视与两倾斜视之间有一定重叠，单次曝光的三张影像拼接后成碟形；②由于传感器平台的旋转，航线规划有一定的难度；③两次曝光最短时间间隔为 3s。

⑤Track'Air：Midas。Midas 系统是由 1 个垂直相机和 4 个倾斜相机组成的 5 相机系统。相机采用 5 台 CannonEOSIDsMkⅡ，每台 2100 万像素，倾斜角可在 30°~60°范围内进行调节，最短曝光时间 2.5s，最大相对航高约 3962m，系统集成 ApplanixPOSAV310 系统。

⑥四维远见：SWDC-5。北京四维远见信息技术有限公司的 SWDC-5 是国内最早推出的国产航空倾斜摄影仪，由 1 个垂直相机加上 4 个倾斜相机组成，相机采用哈苏相机。倾斜相机的倾角为 40°~45°，同时拍摄所得到的多视角影像、建筑物墙体纹理真实，主要用于城市三维建模，可广泛应用于智慧城市基础地理空间建设领域（城市规划、管理、数字城管、公安和社区实景三维建模等）。SWDC-5 数字航空倾斜摄影仪可集成多款中画幅专业数码相机，有效像素从 6000 万到 1 亿，正直相机镜头焦距通常为 40mm/50mm/70mm/80mm，倾斜相机镜头焦距通常为 70mm/80mm/100mm/110mm，系统质量约 100kg，支持 POS2010/POSAV510/AP50/AP20 等多种 POS 系统和 GSM4000/PAV80/PN-14 等多种相机稳定平台，系统畸变差小于 2μm，最短曝光间隔 0.6~1.8s。

⑦上海航遥：AMC580。AMC580 系统由 1 个垂直相机加 4 个倾斜相机组成。像幅尺寸 10328×7760（8000 万像素），焦距为下视 50mm/55mm/80mm，倾斜 80mm/110mm，像元大小为 5.2μm，倾斜角 42°或者 45°，系统集成了 Applanix POSAV 系统。

（2）轻型倾斜摄影相机系统。轻型倾斜摄影相机系统通常由全画幅单反数码相机或 APS 画幅微单数码相机组成，通常不内置 POS（IMU/DGPS）系统。系统集成相机数量从 2 个、3 个、5 个到 10 个不等，相机镜头焦距通常较短。系统质量一般为 1.5~10kg，其中轻度集成改装质量较小，深度集成改装质量较小。全画幅系列倾斜摄影相机系统质量可控制在 2.0~3kg。飞行平台主要采用无人驾驶的固定翼无人机、无人直升机或多旋翼无人机等。价格适中，为 10 万~70 万元。适合中等范围的倾斜摄影三维实景建模项目，若采用无人机集群作业可媲美大型倾斜摄影相机系统。

典型设备包括苏州创飞智能科技有限公司的倾斜摄影相机（Chuang-C2，Chuang-C3 和 Chuang-C3S）、哈瓦国际航空技术（深圳）有限公司的 HARWAR-YT-5POP Ⅳ和 HARWAR-YT-5POPC Ⅲ倾斜摄影相机、北京红鹏未来无人机科技有限公司的轻型倾斜相机（RF5100，TF5100）和微型倾斜相机（AP1800，AP2300，AP5600）、江苏鸿鹄无人机应用科技有限公司的“天目”倾斜相机和“慧眼”倾斜相机、上海航遥信息技术有限公司的 ARC336 倾斜航空摄影系统和 AMC1036 多视角航空照相机系统、武汉大势智慧科技有限公司的双鱼倾斜相机、天津腾云智航科技有限公司（中海达旗下）的 iCam-Q5 倾斜摄影相机等。下面以苏州创飞智能科技有限公司的 Chuang-C3S 倾斜摄影相机为例进行简单地介绍。

创飞 Chuang-C3S 倾斜摄影相机深度集成了 5 个全画幅超轻型 CCD 传感器，融入高精度计算方式一键运行，免调模式，同步触发、曝光、记录、存储的运行方式，彻底解决了空中虚焦、照片质量差、丢片等问题。单机有效像素 3600 万，总像素 1.8 亿，系统总质量

2.2kg，镜头焦距 35mm，相机倾斜角度 45°，最小曝光间隔 1s，内部存储总容量 700GB，影像采集最大分辨率 1cm，适用于各类直升机、多旋翼飞机，可执行大范围、高分辨率的倾斜航空摄影任务。

（3）微型倾斜摄影相机系统。微型倾斜摄影相机系统通常由普通定焦数码相机、运动相机或手机类数码相机组成，集成相机数量通常为五个，相机镜头焦距短，系统质量一般小于 1.0kg，通常深度集成改装，飞行平台主要采用各种消费级多旋翼无人机等，价格低，适合开展倾斜摄影三维实景建模研究、小范围倾斜摄影项目。典型设备包括北京观著信息技术有限公司的航摄超微传感器（蜻蜓 5S 倾斜摄影相机和蜂鸟 5S 倾斜摄影相机和 Chuang-C3S）、北京帝图科技有限公司的 KG 系列倾斜摄影相机（KG650，KG800 和 KG1000）、北京正能空间信息技术有限公司的 ZN190 五镜头倾斜摄影相机等。下面以北京正能空间信息技术有限公司的 ZN190 五镜头倾斜摄影相机为例进行简单介绍。

ZN190 五镜头倾斜摄影相机是一款新型的倾斜相机，飞行平台可采用大疆精灵 3、精灵 4 消费级多旋翼无人机。ZN190 相机具有体积小、质量轻、操作便捷和价格便宜的特点，对相机各部件重新标定改造后可以做相机畸变改正，出具真实畸变改正参数，完全满足普通倾斜摄影应用要求。ZN190 相机总像素 1.9 亿（单相机像素 3800 万），像元尺寸为 1.4μm，相机使用时间 40min。

3. 无人机倾斜摄影相机外载荷的应用

无人机倾斜摄影相机外载荷的主要功能是生成三维实景模型，这一技术在数字（智慧）城市（工程）、电力电路巡检、数字旅游、数字文物保护和数字地形（地籍）图测绘等领域有着广泛应用。同时，在环保监测、智慧交通（水利、消防等）等方面，该技术也获得大量的成功应用实例。

由于倾斜影像为用户提供了更丰富的地理信息、更友好的用户体验，因此在国内政府部门被广泛应用于国土资源管理、房产税收、人口统计、数字城市、城市管理、应急指挥、灾害评估和环保监测等领域。同时，在企事业单位也被用于房地产、工程建筑、实景导航和旅游规划等领域。

（1）城市管理。城市管理的发展变迁记录了每个时段的真三维数据，这些数据真实地反映了城市的发展变迁历程。这些数据为智慧城市发展规划和建筑风貌研究等提供了重要的空间资料，具有重要的历史和社会价值。

利用倾斜摄影三维数据真实、生产效率高的特点，可以为智慧城市建立完善且周期较短的数据更新机制，作为数字化的执法依据辅助城市违建管理工作。

精细化管理可以满足添加属性数据的需要，对象化的单位可以是整栋建筑或各个楼层定位。通过将人口信息精确定义至每套房间，将三维空间信息与属性信息挂接，可以实现以地管房、以房管人和人房一体的管理模式。

智慧城市数据中心以真三维影像数据作为智慧城市统一空间载体，将各种类型的数据通过空间实体自然地组织在一起，彻底打破各专业信息平台横向分割的局面。

（2）城市规划。通过对比不同时期的倾斜影像，可检测出发生变化的建筑物，如新增的建筑，并能对发生变化的区域进行量算，为拆违工作提供了有力证据。

三维辅助规划加载规划设计方案，评审整体效果量化模拟对周边建筑日照时长的影响，对退红距离、楼间距的基本规划指标进行定量分析和计算。

（3）国土房产。房产管理清晰划分地表、地上和地下的空间权力，确保服务产权、户籍等属性信息与立体空间位置准确关联，并真实记录建筑原貌，为日后的变化比对提供可靠依据。同时，三维地理国情普查监测不同高度建筑的分布情况，根据用地面积、建筑面积得出实际容积率数据，为城镇发展规划提供重要依据。

（4）公安应急。利用倾斜影像数据，可以在刑侦、营救抓捕行动中，利用卫片和二维地图圈定嫌犯的大概藏匿区域。同时，结合近景影像进行分析，对通道进行布控，依据实景影像，快速定位到嫌犯藏匿的建筑物。此外，通过调用建筑物内部结构图，可以制订精确的抓捕计划。将倾斜影像和交通应急智慧系统进行集成应用，建设实景可视化的应急指挥系统，能够非常直观地完成对交通信号系统的监控管理、交通事故的量化分析、值勤警力的可视化调度，甚至对交通诱导设备进行快速地控制等。

（四）红外相机系统

红外光学最初被称为军事光学，首先被广泛应用于军事领域，如制导、侦察、搜索、预警、探测、跟踪、全天候前视和夜视、武器瞄准等。现在被广泛应用于工业、农业、医学和交通等民用领域。

1. 红外相机成像的原理

红外辐射是波长介于可见光和微波之间的一种电磁波，又被称为红外光、红外线。当一个物体温度高于绝对零度（-273℃）时，它就会自发辐射红外线，其红外辐射的能量由物体的温度和表面条件决定，在常温下物体的自发辐射主要是红外辐射。根据红外辐射在大气层中的传输特性，可以将红外辐射按波长分为近红外（0.76~3μm）、中红外（3~5μm）和远红外（8~12μm）。

从目标和背景发出的红外辐射，在大气中传输并受到衰减后，由红外光学系统接收并形成目标像，红外探测器将目标像通过光电转换形成电信号，电信号经过放大、滤波和校正等一系列处理后得到目标的各种信息。与可见光、X 光等波段相比，目标在红外波段具有其特有的吸收或反射特性，从中可以获得更加丰富的信息。

此外，根据工作方式的不同，红外载荷可以分为主动式和被动式两种。主动式载荷通过向目标发射红外线，接收反射的红外辐射进行成像，例如主动式红外夜视仪。被动式载荷通过感光元件感知地物辐射成像，例如热像仪、红外扫描仪、多光谱成像仪和被动式红外夜视仪等。

近红外波段主要接收太阳的辐射，在白天日照条件良好时感知、探测和搜集目标的信息，典型载荷有多光谱成像仪、红外航扫描仪等。中红外波段包含地物反射及发射的光谱，用来探测高温目标，例如森林火灾、火山等，典型载荷有被动式红外夜视仪等。远红外波段主要接收地物发射的光谱，是常温下地物热辐射能量最集中的波段，所探测的信息主要反映地物的发射率及温度，适于夜间成像，典型载荷有红外相机、热红外成像仪等。

2. 红外相机的分类

红外载荷产品根据探测波段（长波、中波、短波）、成像方式（凝视型、推扫型、扫描型）、是否获取多个光谱通道（多谱段红外相机）和是否获取精细光谱信息（高光谱成像）进行类别划分。

（1）中红外相机。中红外相机是在中波红外波段成像的载荷成品，它的主要部件包括中波红外镜头、中波红外焦平面探测器、成像电子学及后续处理软件产品。Onca 系列相机采用的材料是 MCT，光谱范围在 3.7~4.8μm 或 2.5~5μm，具有隐蔽性好、能昼夜工作、穿透烟雾与尘埃的能力很强的特性，特别适合在长距离远程监视，其主要特性包括高图像保真度；覆盖中波及部分短波范围；支持添加额外 4 个滤光片，满足多光谱测量的应用需求；高动态范围、高灵敏度；先进的实时图像修正；InSb 或 MCT 面阵列；兼容 GigEVision 接口等。

（2）热红外相机。热红外相机是在长波红外波段成像的载荷产品，对于无人机遥感平台而言，其设计指标主要包括成像波段、空间分辨率、成像视场和辐射分辨率等技术指标。

H2640 红外热像仪采用 640×480 像素探测器，适合于远距离测试，不需带望远镜头，空间分辨率为 0.6μrad，可以探测小目标异常点，带 130 万像素彩色可见光数码镜头。同时拍摄可见光图像和红外热图像，可以获得组合图像，清晰定位可疑区域，带高清晰度取景器，适合于室内外使用，内置照明灯可在黑暗幻境拍摄可见光图像。

（3）中红外双波段相机。红外多波段相机是一种具备光谱特性的红外载荷，与单波段的红外相机相比，由于其具备多个谱段成像能力，因此成像探测效果逐渐加强，应用领域也更为广泛。中红外双波段相机的主要应用是针对较高温度目标，通过双波段的设置使其具备一定的伪装识别能力。中国科学院上海技术物理研究所已在国内成功研制出相关产品。

（4）热红外四波段相机。热红外四波段相机可以探测光谱范围为 3～5μm，8～10μm，10～12μm 和 13.5～15.5μm 的辐射，像素分辨率为 640×512。此相机基于量子阱红外光电探测器技术，适用于天气预报和污染遥感等方向，已用于研究非洲植被燃烧对环境的影响及有关的生态效应。相对于单纯的红外相机而言，其识别能力显著增强。

（5）热红外成像光谱仪。热红外成像光谱仪能够获取红外谱段连续的窄光谱图像，相比红外相机，其物质识别能力大幅增强，可用于各类物质的精细化测量与识别。

3. 无人机红外载荷的应用

无人机红外载荷在环保监测、火灾监测和监控救援等方面均有成功的应用实例。

（1）环保监测。环保监测是利用无人机红外载荷进行环境监测的重要手段，主要包括大气污染、水环境污染和废弃物污染等方面的监测。通过特定传感器，无人机可以观测对流层的温度和压力以及高浓度气溶胶和气体的含量，探测臭氧、水蒸气和二氧化碳等气体和烟雾的泄漏。此外，无人机还可以监测水生和陆地环境有害废物的排放以及工业事故的发生。同时，工业废渣处理情况的监测也是无人机环保监测的重要内容之一。

（2）火灾监测。林业是全国生态建设的主体，在保持经济和社会发展中有着不可或缺的作用，如何有效利用高科技手段解决林业资源调查、森林防火等问题，已成为林业工作的重中之重。目前，森林防火中应用了较多的新技术和新设备，国内在此方面的应用需求也日益增加，对森林保护的投入逐渐加大，先后运用卫星进行资源普查、森林火场监视，使用无人机系统对森林火情监测。

针对森林火灾监控，研究人员集成了一套含有热像仪和可见近红外波段的成像光谱仪在内的、使用无线电遥控的固定翼无人机系统。该项目的目标是研制紧凑的航空平台和遥感系统，用于监测森林火灾等自然灾害。

（3）监控救援。当一架小型飞机坠毁在偏远的地区或一艘渔船迷失在大海中或登山者徒步旅行时失联，救援队必须通过搜索扫描事发地寻找受害人或残骸的证据。特别是人员失踪之后的一段时间内身体的热量是一项关键搜索指标。此外，在黑暗、寒冷的环境里，一个人身体的热量可能是搜索的唯一依据。现在已经开始使用装有视频摄像头和热像仪的旋翼无人机搜索营救失踪人员。

（五）多光谱成像仪

光谱成像技术是在多光谱遥感成像技术的基础上发展起来的新一代光学遥感技术，它能够同时获取一维光谱信息和二维空间信息，从而提供更为丰富的信息。为了实现这一目标，成像光谱技术始终追求大视场、宽谱段、高空间和高光谱分辨率、高信噪比等关键性能参数。其中，视场大、扫描周期短可以保证及时性；谱段宽、光谱分辨率高则可以探测到单谱段和多谱段难以捕捉的光谱信息；高空间分辨率则能更准确地探测空间位置和空间形态。此外，在成像光谱技术的基础上还衍生出了高光谱、超光谱等更为先进的概念。

但在追求高性能的同时，成像光谱技术的发展也受到现有技术条件和经济成本的制约。目前新兴的无人机平台轻便、灵活、成本低，如果将成像光谱仪进行相应的轻小型化、低成本化改进，再将其与轻小型无人机配合，将极大地推动成像光谱仪的普及应用。

1. 成像光谱载荷的原理

成像光谱系统的核心技术，是将传统的二维成像遥感技术和光谱技术有机地结合在一起，在用成像系统获得被测物空间信息的同时，通过光谱仪系统把被测物的辐射分解成不同波段的谱辐射，能在一个光谱区间内获得每个像元几十甚至几百个连续的窄波段信息。成像光谱技术可以同时获取目标的几何特征和光谱特征。

典型的成像光谱原理如图 4-4 所示。地物目标首先经过望远成像系统成像在入射狭缝处，入射狭缝起到视场光阑的作用以决定视场，然后经过准直镜，再经过分光（棱镜或光栅）系统，目标的辐射按波长的不同进行分离，最后经过会聚镜成像在探测器上。若探测器是面阵探测器，系统将获取二维数据，此时在目标和成像系统间安装上的扫描系统或分光系统的状态发生变化，将获取第三维数据，与前面两维一起组成数据立方体。任意目标均可以沿着光谱维获取其光谱信息。

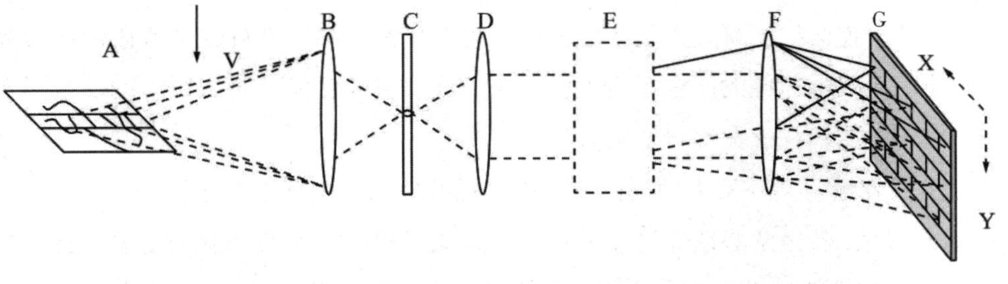

图 4-4 成像光谱载荷原理

A—目标；B—望远成像系统；C—入射狭缝；D—准直镜；E—分光系统；F—会聚镜；G—探测器

2. 多光谱成像仪的应用

（1）精准农业。精准农业在农林业领域的应用广泛，涵盖了农作物长势分析、作物类别鉴定、病虫害防治分析和产量评估等多个方面，为农业生产提供了更加科学、精确的管理手段。

（2）自然灾害和灾情评估。自然灾害和灾情评估涵盖了多种领域，包括洪涝、干旱、雪灾、森林大火、地震以及海洋状况等。通过对这些灾害的监测和评估，可以及时了解灾害情况，为防灾减灾提供科学依据。

赤潮是指海洋微藻、细菌和原生动物在海水中过度增殖或聚集致使海水变色的一种现象。随着经济发展，沿海富营养化加剧，近年来赤潮的频繁发生和规模的不断扩大，破坏了渔业资源和海产养殖业，赤潮毒素也严重威胁着人类的生命安全。利用高光谱成像仪获得的数据可以迅速对赤潮做出反应，有利于赤潮的及早发现、分类、控制和治理，从而减小赤潮的危害。

（六）机载激光雷达系统

激光雷达是一种主动式的现代光学遥感技术，是传统雷达技术与现代激光技术相结合的产物。激光具有高亮度性、高方向性、高单色性和高相干性等特点，因此激光雷达具有一系列独特的优点：角分辨率高、距离分辨率高、速度分辨率高、测速范围广、能获得目标的多种图像以及抗干扰能力强。同时，激光雷达的体积和质量都比微波雷达小，使用方便灵活。

1. 激光雷达的原理

机载激光雷达系统主要包括激光测距仪、惯性导航系统 INS 和动态 DGPS 接收机。激光测距仪用于测定激光雷达信号发射点到地面目标点间的距离；惯性导航系统利用惯性测量单元 IMU 来测定飞机的扫描装置主光轴的姿态参数；动态 DGPS 接收机用来确定激光雷达信号发射点的空间位置。

激光雷达工作的基础是通过量测信号传播时间来确定扫描仪与对象点的相对距离。从工作方式上看，激光测距可分为两大类：脉冲激光测距和连续波激光测距。考虑到作用距离，通常机载激光雷达采用的是脉冲激光测距方式。

2. 激光雷达的产品

以无人机为平台的小型机载激光雷达，具有体积小、携带方便等优点。目前国内外激光雷达厂商及机构纷纷推出了自己的小型激光雷达产品。

（1）RieglVUX-1 轻小型机载激光扫描仪。VUX-1 是一款质量仅为 3.6kg 的轻小型机载激光扫描仪。VUX-1 的精度为 10mm，扫描速度为 200 线/s，最大作业高度为 350m，可以搭载在多种无人机飞行平台上，其优秀的测量性能和超高的系统集成度，可以轻松应对各种项目。VUX-1的设计充分考虑了无人机飞行器特殊的硬件特点和飞行特征，能以任意方向进行安装，以适应无人飞行器有限的空间。其低功耗的特点，使整个设备仅需采用单一电源供电，从而大大减轻了整个系统的质量，满足了无人机苛刻的载荷要求。测量过程中获取的数据都保存在VUX-1内置的240G固态硬盘上，并通过局域网TCP/IP接口，提供实时的扫描线数据显示。

（2）HDL-32E轻小型激光扫描仪。HDL-32E是轻小型激光扫描仪，高14.5cm，直径8.6cm，质量小于2kg。在一个保温杯大小的体积内，HDL-32E集成了32组激光发射器和激光接收器，激光器组可以实现-30°到+10°角度调节，可提供极好的垂直视野，持有专利的旋转头设计，水平视野可达360°，转动频率最高为20Hz，每秒输出70万像素，适用于需求量日益增大的真实自主导航、3D移动绘图及激光雷达相关应用。

（3）YellowScanSuveyor。YellowScanSuveyor是一个高度集成的轻型激光雷达平台，尺寸只有100mm×150mm×140mm，包括电池的总体质量仅仅为1.5kg，可以实现相对精度3cm，绝对精度5cm的3D数据采集，是世界上最轻、最精确的一体化激光雷达系统。

3. 机载激光雷达技术的应用

机载激光雷达技术除可以应用于直接生成DSM数据以外，还广泛应用于林业、电力、城市地物提取、水利、近海岸地形测绘、地质灾害调查和国家安全等。

（1）地质测绘。激光雷达测量精度要优于传统测量方法，所提供的地面点云数据可详细反映出所测地物的立体形态，实现三维建模，满足高精度影像微分纠正的需要。同时，激光雷达真正实现了非接触式测量，减少了野外作业量，摆脱了数字摄影测量平台的限制，降低了地质测绘成本。

（2）数字城市建模。在数字化程度越来越高的今天，基于二维城市形象系统已经不能满足形象时代的要求，将三维空间形象完整地呈现已经成为发展的必然，激光雷达系统在城市中更能体现其不受航高、阴影遮挡等限制的优势，能够快速地采集三维空间数据和影像，房屋建模速度快、高程精度高以及纹理映射自动化程度高，能够满足分析与测量的需求，广泛用于城市规划的大比例尺地形图获取。

（3）电力规划和巡线。对于规划电网线路，通过机载激光雷达测量技术采集和处理的规划沿线数据，为电力线路优化、外业勘测和设计施工提供数据支持与指导。对于已建设电网线路，利用机载激光雷达测量技术采集和处理的电网沿线数据可以恢复电线实际形状。

二、测绘无人机遥感系统关键技术分析

（一）自动驾驶仪技术

由于测绘领域的特殊性，航空摄影规范对无人机的航线平直度、航高稳定度、姿态稳定度、过摄站的精度都有着严格的近似苛刻的要求，单纯的人工操控难以达到摄影测量的要求，因此测绘领域对无人机的飞控提出了很高的要求。

无人机摄影测量领域的工作者普遍依赖于自动驾驶仪来解决飞控问题。目前，大型无人机的自动驾驶仪技术已经相当成熟。然而，对于小型无人机来说，由于其尺寸、成本和功耗的限制，仍然存在许多技术挑战需要解决。因此，自动驾驶仪技术已成为各国在小型无人机领域研究的热点。对于用于摄影测量的无人机系统，由于其应用的特殊性，例如需要在人口密集的乡村或城镇等复杂环境中进行作业，而且无人机飞行高度较低且起降场地无法保证等不利因素，这些都对小型自动驾驶仪的精度、可靠性和安全性提出了更高的要求。因此，为了满足这些要求，需要进一步研究和改进自动驾驶仪技术。

小型自动驾驶仪一般由微型传感器以及低功耗的嵌入式处理器组成。微型传感器一般由陀螺仪、加速度计、GPS 接收机、磁罗盘、气压传感器、温度传感器、霍尔转速传感器等组成。

我国小型自动驾驶仪较为成熟的产品主要有北京航空航天大学的 iFly40、桂林飞宇的 FY-3ZT 等。市面上常见的可用于低空摄影测量的自动驾驶仪还有北京普洛特无人飞行器科技有限公司的 UP30。

（二）组合导航技术

小型自动驾驶仪所使用的微型陀螺仪和加速度计，虽然体积小，但精度较低，可靠性较差且随机噪声比较显著。利用这些低精度惯性传感器实现高精度、高可靠性的 SINS 成为自动驾驶仪突破的关键技术之一。

1. SINS 的姿态与位置解算方法

SINS 是一种将陀螺传感器和加速度传感器直接固定在运载体上的惯性导航系统。由于捷联系统具有一系列优势，它已成为近年来惯性技术领域的一个重点发展方向。陀螺传感器和加速度传感器分别用于测量运载体的角运动信息和线运动信息。机载计算机根据这些测量信息进行解算，以得出运载体的姿态、速度及位置。

解算姿态阵相当于建立起数学平台，姿态更新就是根据惯性器件的输出实时解算姿态

矩阵。常用的方法有欧拉角法、方向余弦法、四元数法和旋转矢量法。欧拉角法概念直接，容易理解，但是由于方程包含三角运算，求解有一定困难，并且在俯仰角为 90°附近时方程出现退化，不适用于全姿求解。方向余弦法不存在退化问题，但是在解算时需要求九个未知数的线性方程组，计算量大，实时计算困难，所以工程上并不实用。四元数法只需求解四个未知数的线性方程组，计算量小，是较为实用的工程方法。

2. 组合导航意义

每种单一导航系统都有各自的独特性能和局限性。把几种不同的单一系统组合在一起，就能利用多种信息源互相补充，构成一种有余度和导航准确度更高的多功能系统。惯性元件误差是惯性系统的主要误差源，且惯性系统误差随时间的推移迅速积累，因此单独 SINS 不能满足载体长期导航和定位的需要。SINS/GPS 组合导航系统可以有效地利用各自的优点，进行系统间的取长补短以减小系统误差，提高系统的性能。常见的 IMU/GPS 组合系统有松耦合和紧耦合两种组合方式。松耦合的精度比紧耦合低，但松耦合方法简单而且容易实现。

数据融合的方法主要有加权平均、数理统计、选举决策、卡尔曼（Kalman）滤波、人工神经元网络等。从大量导航领域的文献来看，Kalman 滤波法是目前研究得最深入、应用最广泛的滤波方法。Kalman 滤波通过运动方程和测量方程，不仅考虑当前所测得的参量值，还充分利用过去测得的参量值，以后者为基础推测当前应有的参量值，而以前者为校正量进行修正，从而获得当前参量值的最佳估算。当有多种分系统参与组合时，Kalman 滤波法就可利用状态矢量概念，通常取误差本身作为状态矢量，不是对速度、方位本身等作出最佳估计，而是对速度误差、方位误差等作出最佳估计。把这一估算从实际测得的速度、方位中减去，就得到此时此刻的速度、方位等参量。

（三）飞行平台和云台自稳定技术

在小型无人机中，由于气流的影响更为显著，改进飞行控制律和增强有效载荷云台稳定性算法是测绘型无人机的重要技术挑战。自动驾驶仪的工作方式是为飞机的纵向运动和侧向运动的姿态控制提供引导量值。

现有的飞行控制策略通常采用捷联姿态解算，在稳定控制的基础上，利用反馈 PID 和前馈式控制算法实现姿态控制以确保飞行姿态的稳定性。为了应对姿态突变和适应不同的飞行模式，现有的自动驾驶仪系统通常会对一个舵面设置多套 PID① 参数。然而，人工设置这些参数既耗时又费力，且不一定能达到预期的控制效果。

从数学模型的角度来看，PID 控制技术实质上是将飞行控制过程简化为一个二阶惯性环节，同时带有滞后时间不大的滞后环节系统。PID 的基本思想是：假定飞控器的输出与输入（误差）分量成正比，与输出的积分分量成正比和与输出的导数分量成正比，将这三个分量加权之和作为输出分量。

常规的 PID 参数整定过程主要依赖于人的经验，通过观察 PID 控制曲线来调整参数，这必然会导致稳定性与准确性之间的矛盾。为了获得满意的系统性能，我们需要在控制中根据系统的动态特征和行为，采取灵活机动的有效控制方式，如专家 PID、变增益 PID、神经元网络 PID、模糊 PID 等多种途径。这样不仅能解决控制系统中的稳定性与准确性的矛盾，还能增强系统对不确定性因素的适应性，即鲁棒性。这样的 PID 控制与常规 PID 控制有着本质的区别，我们称之为智能 PID。

采用模糊数学理论对 PID 控制过程进行模糊化，找出隶属度函数，在解模糊后，驱动执行机构完成控制过程。由于提高飞行航迹精度，特别是像片重叠度、航线平直度和航高稳定度则只能通过提高飞控系统的控制精度来实现，而姿态精度的提高是在飞行平台姿态角不是特别大的情况下，主要依靠小型三轴陀螺稳定平台辅助解决。

（四）非量测相机野外快速检定技术

数字相机（又名：数码相机），是以半导体技术为基础，将电荷藕合器件（charge coupled device，CCD）或互补金属氧化物半导体（complementary metal oxide semiconductor，CMOS）排列在一行或一个矩形区域中构成线阵列或面阵列作为感光器件，再辅以机械装置、光学系统、固态存储器和电子电路，经数模转换（ADC）把光学影像转换成电子数据的光机电一体化设备。

可用于测绘型无人机摄影测量系统的数字相机一般分为两种，即专业量测型和商业非量测型。

专业量测型数字相机的主要特点在于其高分辨率的 CCD 和较大的图像幅面，同时其内方位元素和镜头畸变参数都是已知的。商业非量测型数字相机，主要面向消费电子市场和摄影爱好者，具备适应各种摄影条件的能力，同时配备了丰富的附加功能，并且价格相

---

① PID 是比例（Proportional）、积分（Integral）、微分（Derivative）的缩写，将偏差的比例、积分、微分通过线性组合构成控制量，用这一控制量对被控对象进行控制。

对亲民，因此在市场上得到了广泛的应用。

然而，商业非量测型数字相机也存在一些缺点。通常情况下，其物镜畸变较大且未知，内方位元素主距和像主点位置也未知。这些因素都会对摄影测量的精度产生影响。为了解决这一问题，摄影测量工作者通常采用相机检定的方法，直接测量或间接计算出内方位元素和镜头畸变差。这些步骤对于确保摄影测量的准确性和可靠性至关重要。

无人机野外作业区域和任务往往复杂多变，对于摄影测量工作者来说，针对实际任务的类型、摄影比例尺、航摄目的等不同的需求，在野外必须要更换不同型号的物镜，例如对于测绘小区域大比例尺地形图的航摄任务，就需要短焦距、物镜解析力高和视场角大的物镜以利于提高基高比，改善高程精度；对于制作正射影像图的航摄任务，就需要分辨率高、色彩还原好、焦距适中的物镜。若更换物镜，就必须重新检定物镜畸变差和内方位元素，此时检定工作就变得非常繁重，这就要求有一套在野外可行的物镜畸变差和内方位元素快速检定法。

（五）新型无人机平台技术

目前在军事和民事领域上具有垂直起降、稳定悬停和自主巡航能力的微小型飞行器有着广阔的发展前景，在民用方面此类微小型飞行器可以广泛应用于航拍摄影、环境监测、森林防火、农业评估、电力巡检、灾情巡查、反恐救生等方面，新型无人机平台技术逐渐成为近年来国内外高校和研究所研究的热点——多旋翼碟形飞行器正是属于此类微小型飞行器，常见的有四旋翼、六旋翼、八旋翼、十六旋翼等。多旋翼飞行器工作原理基本相同，不同点在于四旋翼结构简单，成本低廉，但是有效载荷量和安全性没有六旋翼高，八旋翼和十六旋翼结构复杂、载荷量大以及成本高昂，因此以六旋翼作为讨论对象。

六旋翼飞行器是一种具备六个螺旋桨的碟形多翼飞行器。其螺旋桨呈六角状状排列，相对的旋翼保持相同的旋转方向，并分为两组，每组包含三个旋翼。这两组的旋转方向不同，旨在抵消因旋转转动惯量导致的飞行器在水平面内的自旋。

微型无人直升机虽然能够实现垂直起降和空中悬停，但由于其欠驱动特性，固有稳定性相对较弱。因此，人工或自动控制难度较大，并对周围环境和地面人员构成潜在的安全隐患。

无人直升机主要配备单台大功率发动机，通常采用燃油发动机，从而在续航时间上具备优势。然而，六旋翼飞行器配备多台小功率发动机，通常由无刷电动机驱动。其具有结构简单、飞行稳定、易于操控、无污染、携带方便的优点和较低的安全危害性以及由于当前电池技术的限制，其续航时间相对较短等缺点。因此，六旋翼飞行器更适合执行中短距离的飞行任务。

六旋翼飞行器作为一种新型碟形飞行器，与传统的直升机不同，由于没有中心主旋翼和尾翼，无法通过调整主旋翼的螺距和倾角、尾翼的转速和改变运动状态，只能通过改变各个螺旋桨的速度来实现各种飞行动作，即调节各个电机的驱动电流大小，这样的调节方式没有机械损耗，可靠性和寿命均优于无人直升机平台。

第三节　土木工程测绘中无人机遥感技术的应用

“土木工程测绘一直是确保工程质量和可行性的重要环节，然而传统的测绘方法往往存在着耗时、耗力和精度不高的问题。”① 随着无人机技术的迅猛发展，无人机测绘技术正成为土木工程测绘领域的一项创新应用。无人机技术是由无线电遥控设备和计算机操控的现代无人驾驶飞行器系统，它具有较高的飞行速度、机动灵活以及操作方便等特点，被广泛应用于军事、航天及民用领域中。随着测绘业在社会各方面发挥越来越重要的作用并且日益突出，其对人们生活影响程度不断加大，也使得测绘行业竞争也变得越发激烈。虽然传统测绘技术存在着效率低且易受天气因素干扰等缺点，无法满足现代科技发展需求。但是无人机测绘技术是一种新型的测绘方式，具有高精度和多功能化特点，能更好地服务于人类社会发展需求。

一、无人机遥感技术的认知

（一）无人机测绘技术的原理

无人机技术是通过无线电通信系统进行信息传递和接收的。在使用无人机进行工程测绘之前，需要全面、系统地了解和掌握无人机系统和软件。根据实际情况，需要在软件平台上设计控制网，并制定相应的方案。同时，需要将各个环节有机地结合起来，以实现有效的监控。通过实时观测记录和数据采集，无人机遥感系统可以完成测绘工作，具体的工作原理包括无人机飞行平台的构建、载荷安装与调试、航迹规划与控制、数据传输与处理等方面。

---

① 蔡锦峰. 无人机测绘技术在土木工程测绘领域的应用创新［J］. 大众标准化，2021（1）：66.

1. 无人机平台

无人机是测绘技术的核心平台，通常采用多旋翼、固定翼或垂直起降的飞行器，通过搭载各种传感器和测量设备，如相机、激光雷达和全球定位系统（GPS），实现对地表的观测和数据采集。

（1）飞行计划和控制。在进行测绘任务之前，需要对所测绘的区域范围列出飞行计划，包括确定飞行区域、飞行高度、航线和任务目标等。飞行计划可通过无人机控制软件进行编程和设定。飞行计划设定好之后，无人机即可自动按照预定的航线进行测绘工作。也可通过遥控或预设指令进行实时控制和调整。

（2）数据采集。无人机搭载的传感器和设备用于数据采集。其中，相机是最常用的设备之一，用于航空摄影。测绘相机可用类型有 RGB 相机、红外相机或多光谱相机，需根据测绘任务的需求选择合适的相机类型。激光雷达则可以获取高精度的地形数据，通过发射激光脉冲并测量其返回时间来获取地表的高程信息。

（3）位置定位。为了获取准确的测量数据，无人机需要进行精确定位，该功能通过全球定位系统（GPS）来实现。无人机上搭载的 GPS 接收器能够接收卫星信号，计算出无人机的三维坐标。通过与地面控制点的配准可以进一步提高测量精度。

2. 数据处理与分析

使用无人机将数据采集完成后，计算机视觉、遥感和地理信息系统（GIS）等技术通过图像处理、地形重建、特征提取和数据融合等步骤，对大量数据进行自动化处理和分析，最终生成数字高程模型（DEM）、三维模型和地图等终端产品。

（二）无人机测绘技术特征

无人机测绘技术能够进行实时、全视距的高度自动化测量，同时还能通过传感器获取目标地物点的坐标信息，在测绘中应用无人机遥感系统可以实现全天候观测和远距离作业。与传统测图方式相比，无人机遥感系统具有以下特征。

1. 精准度高

高精度测量是无人机测绘技术在土木工程测绘领域的另一个重要特征。通过使用先进的传感器、精确的飞行控制与定位系统、数据处理与校正、控制点与地面配准以及重叠航线和多视角观测等方法，无人机测绘技术对空间位置精度要求较低，能够实现高精度的地表测量，并可适应各种复杂地形，满足土木工程对精细测量和分析的要求。

2. 无人机测绘技术具有高度的灵活性和适应性

该技术以计算机网络为平台，通过传感器的采集、处理和传输，结合自动控制算法实现遥感数据获取及信息交换。它不需要专业设备及场地条件便能完成对目标物信息的获取和采集工作。此外，无人机的垂直起降能力使其能够在狭小的空间内悬停和悬浮飞行，进入人工难以到达的区域，如高山、峡谷、建筑工地等。这种技术能够适应各种地形环境和复杂条件，快速地部署并实现实时监测和数据采集。同时，它降低了人员风险，在土木工程测绘领域具有灵活性与可访问性的特点。因此，无人机测绘技术为工程人员提供了更广阔的测量范围和更全面的数据收集。

3. 实时性和可靠性好

由于无人机具有较高的隐蔽度，可以在不同高度下保持相对稳定状态，对目标进行连续观测且不受到外界环境因素干扰，通过无线信号将飞行过程中的实时视频传输到地面站或操控设备上，相比人工测绘而言，具备了极强的时效性与安全性。

4. 监测效率高

传统的人工测量方法往往需要耗费大量时间和人力，尤其是在大尺度的地理区域进行测绘时。无人机测绘技术通过飞行速度和飞行路径的优化设计，能够在较短时间内覆盖大面积区域，使得数据采集效率得到极大提高，为加快工程设计和规划进程起到了很大的作用。此外，通过使用计算机视觉和遥感技术进行采集数据处理和分析，无人机测绘技术实现了许多自动化的处理步骤。例如，图像处理算法可以自动识别和提取地物特征，数字高程模型的生成可以通过点云处理软件自动完成。这些自动化处理的方法也加快了数据处理的速度和准确度。

5. 数据多样性

数据多样性与融合是无人机测绘技术在土木工程测绘领域的重要特点之一，能够给测绘结果提供丰富的地理信息，为工程人员进行下一步的综合分析和决策支持提供更全面、准确和可靠的数据基础。

无人机测绘技术根据需求和特定设置，能够获取多种类型的数据，包括航空影像、激光扫描点云、热红外图像等。这些数据来源的多样性使得工程人员可以从不同的角度和维度对采集到的相关信息进行分析解读。其中，航空影像可以提供地表纹理、建筑物识别等信息，为工程人员提供更加全面和准确的地形信息；激光扫描点云可以获取高精度的地形和三维结构信息，为工程人员提供更加精准的测量数据；热红外图像可以用于检测建筑物的热效应和能耗分析等，为工程人员提供更加科学和客观的评估依据。因此，无人机测绘技术在工程领域具有广泛的应用前景。

二、土木工程测绘中无人机测绘技术的应用效果

在进行工程测绘时，使用无人机测绘技术有助于提高测绘效率，获得真实、准确、可靠的测绘数据。通过选择使用合理的无人机测绘设备，对工程的测绘工作可起到事半功倍的效果。

（一）无人机测绘作业

首先，航线预设。无人机测绘是通过搭载激光扫描仪或多光谱相机等传感器，对地表进行高精度的地形和地貌测绘作业，因此在进行无人机测绘起飞之前，要先根据测量范围做好飞行路线的设定以及无人机起降方案等工作。其次，检查相关设备情况，包括所要测量的实际范围、测量面积、传感器连接情况及计算机显示的影像效果等方面。通过检查使收集到的数据符合所需要的测绘数据效果，有助于高效实现测绘目的。

（二）无人机测绘数据处理

传统的测绘数据处理主要是通过人工绘图和无人机航拍进行，但是随着计算机技术、网络通信及电子传感等先进信息技术在土木工程领域广泛应用。目前无人机测绘数据处理主要是利用遥感影像和GPS的空间测量技术，通过使用计算机软件将地面点、空中地形图以及三维图形进行转换，并生成相应的控制网状图，从而得到所需信息。

参考文献

[1] 宁津生. 测绘学概论［M］. 3版. 武汉：武汉大学出版社，2016.

[2] 王慧. 无人机航空摄影测量在地形测绘中的科学应用［J］. 建材与装饰，2018（7）：217.

[3] 余培杰，刘延伦，翟银风. 现代土木工程测绘技术分析研究［M］. 长春：吉林科学技术出版社，2020.

[4] 白会人. 土木工程测量［M］. 4版. 武汉：华中科技大学出版社. 2022.

[5] 黄声享，高飞. 土木工程测量［M］. 武汉：武汉大学出版社，2019.

[6] 王权. 全站仪系统误差分析及检定方法探讨［J］. 甘肃科技，2022，38（6）：19.

[7] 牛志宏，陈志兰. GPS测量技术［M］. 2版. 郑州：黄河水利出版社，2021.

[8] 高振军，房河新，贾艳丽. 工程测量中GPS技术的应用及精度研究［J］. 资源信息与工程，2017，32（6）：126.

[9] 王珲. GPS定位技术在土木工程测量中的应用［J］. 中国设备工程，2019（13）：209.

[10] 蔡锦峰. 无人机测绘技术在土木工程测绘领域的应用创新［J］. 大众标准化，2021（1）：66.

[11] 官建军，李建明，苟胜国，等. 无人机遥感测绘技术及应用［M］. 西安：西北工业大学出版社，2018.

[12] 黄翔涛，丁荣兴. 低空无人机遥感技术及其在矿山测绘中的应用［J］. 江西测绘，2021（2）：18.

[13] 金蕾. GIS技术在土木工程测绘中的应用［J］. 工业建筑，2021，51（8）：1.

[14] 毛靖中. 无人机遥感技术在测绘工程测量中的应用研究［J］. 低碳世界，2021，11（10）：50-51.

[15] 彭旺泉. 工程测绘中地理信息系统的应用研究［J］. 工程技术研究，2019，4（20）：27.

[16] 邵振峰. 城市遥感：原理、方法和应用［M］. 武汉：武汉大学出版社，2021.

［17］孙永雪，夏振涛，姜守望，等．可见光全天时遥感相机光学系统设计［J］．红外与激光工程，2020，49（1）：240-245.
［18］汪金花，张永彬，宋利杰．遥感技术与应用［M］．北京：测绘出版社，2015.
［19］吴鸣亚．合成孔径雷达系统的新概念及关键技术［J］．现代雷达，2012，34（11）：1-5.
［20］于磊，王淑荣，林冠宇，等．用于大气遥感的远紫外光栅色散成像光谱仪的研究［J］．光谱学与光谱分析，2012，32（3）：844-848.
［21］张继超．遥感原理与应用［M］．北京：测绘出版社，2018.
［22］王国军，张国辉，孙艳．土木工程测绘［M］．武汉：武汉理工大学出版社，2014.
［23］胡伍生，潘庆林．土木工程测量［M］．南京：东南大学出版社，2016.
［24］李杰涛．浅谈地形图在场地平整中的应用［J］．门窗，2017（4）：234.
［25］徐洪亮．公路桥梁施工测量要点及质量控制措施［J］．交通世界，2023（11）：163.
［26］张君．隧道施工测量技术研究［J］．建筑技术开发，2022，49（22）：100.
［27］任方正．智能建造在土木工程施工中的应用［J］．散装水泥，2023（4）：72-74.
［28］林章华．测绘工程技术在土木工程中的应用［J］．中国高新科技，2023（16）：44-46.
［29］龙丽芳．智能土木工程研究现状与应用分析［J］．产业创新研究，2023（2）：117-119.
［30］李敏莉．土木工程结构安全性在线评估及监测技术研究［J］．城市建设理论研究（电子版），2023（18）：220-222.
［31］赵帅，王胜，杨淑娟等．基于 GNSS 技术的结构位移监测应用研究进展［J］．施工技术（中英文），2022，51（21）：6-10，16.
［32］雷振韬．测绘工程技术在土木工程中的运用实践［J］．居舍，2022（9）：69-71.
［33］宋亮．工程测量在土木工程中的应用［J］．江西建材，2020（11）：80，82.
［34］张巧巧．智能化背景下土木工程施工技术的应用创新研究［J］．居舍，2020（27）：84-85.
［35］王冬梅，杨晓玉，王彦君．无人机遥感技术在土木工程项目建设中的应用［J］．长春师范大学学报，2023，42（10）：107-111.
［36］余再富，李元松，闫海涛等．基于无人机遥感和 GIS 技术的公路线路评估系统设计研究［J］．路基工程，2020（6）：128-132.
［37］丛充．无人机遥感技术在工程测量中的应用［J］．世界有色金属，2019（18）：252，

254.

［38］张海明，于海涛. 无人机遥感技术在土木工程中的应用现状［J］. 河南科技，2018（19）：63-64.

［39］许昌毓，陈冬华. 浅谈土木工程测量精准度要求在桥梁工程中的发展趋势［J］. 科技资讯，2017，15（31）：56-57.

［40］王永刚，王小鹏，张耀文. 无人机测绘技术在土木工程测绘领域的应用创新［J］. 交通节能与环保，2023，19（S1）：180-182.